Mama Qinshou Zhide
Ying'er Zhuang

妈妈亲手织的 婴儿装

廖名迪
主编

辽宁科学技术出版社

· 沈阳 ·

目录

01
粉红色的上衣

0~12个月

02
粉红色的帽子

03
粉红色的裤子

0~12个月

04

05

04、05
粉红色的鞋子、小手套

为新生宝宝准备的小衣服，当然要选用柔软的线材，这样可以给宝宝最好的保护，这里选用了粉粉的线材，毛球球、镂空、小花朵，从细微处体现了它的精致，搭配上004、005页的衣服和裤子、小帽子，送给新生婴儿很合适。

0~12个月

01 粉红色的上衣

【成品尺寸】长 26cm　胸围 46cm　肩连袖长 23cm
【工　　具】2mm 钩针　5mm 绒球绕线器
【材　　料】粉色中细棉线 250g
【编织密度】钩针 10cm² : 22.6 针 × 10 行
【编织方法】
1. 起 96 针辫子针，从领口往下往返钩织。
2. 按上衣花样图解上身片的钩织方法，钩织 10 行长针，然后分别钩织下摆片和袖片。
3. 下摆片按下摆片、袖片花样图解往返钩织，共钩 100 针，钩 15 行。
4. 袖片按下摆片、袖片花样图解往返钩织，共钩 40 针，钩 13 行后，按花边图解钩 1 行花边。
5. 沿领口、前襟及下摆钩织 1 圈花边。
6. 钩 200 针辫子针，穿入上衣领口。利用绒球绕线器制作 2 个绒球，缝合于系带两端。

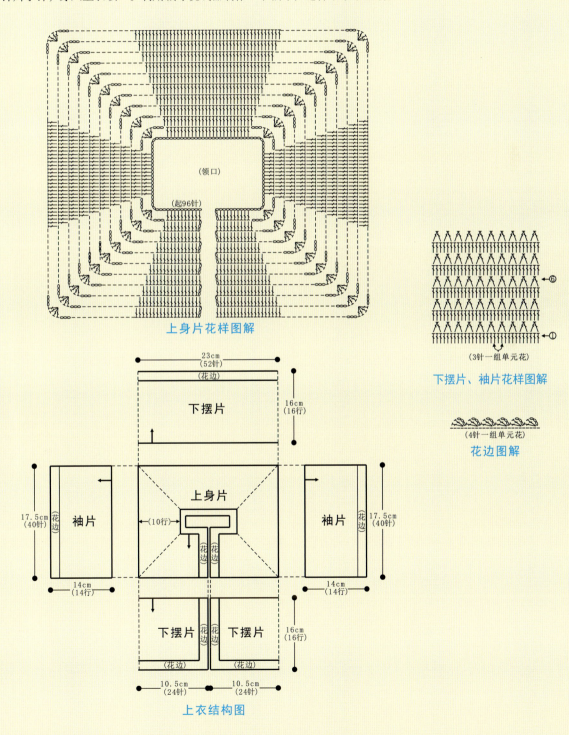

上身片花样图解

(3针一组单元花)

下摆片、袖片花样图解

(4针一组单元花)

花边图解

上衣结构图

02 粉红色的帽子

【成品尺寸】 长 13cm　帽围 34cm
【工　　具】 2mm 钩针　5mm 绒球绕线器
【材　　料】 粉色中细棉线 100g
【编织密度】 钩针 $10cm^2$: 23.5 针 × 10 行
【编织方法】
1. 帽顶：粉色线打圈起钩，第 1 圈 16 针，第 2 圈 32 针，第 3 圈 48 针，第 4~7 圈每圈均匀加 8 针，第 8 圈起开始钩帽围。
2. 帽围：钩 80 针，不加减针钩 5 圈后，钩 1 圈花边。
3. 系带：粉色线按图钩织长约 60cm 系带穿入帽沿。
4. 利用绒球绕线器制作 2 个绒球，缝合于帽沿两侧。

（4针一组单元花）
花边图解

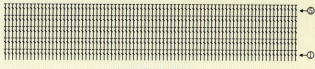
帽围花样图解

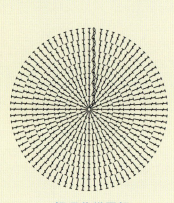
帽顶花样图解

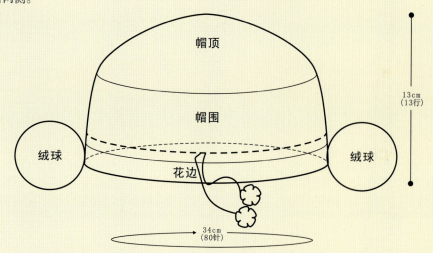
帽顶
帽围
绒球　绒球
花边
13cm（13行）
34cm（80针）

---

03 粉红色的裤子

【成品尺寸】 长 32cm　腰围 28cm
【工　　具】 2mm 钩针
【材　　料】 粉色中细棉线 250g
【编织密度】 钩针 $10cm^2$: 22.6 针 × 11 行
【附　　件】 30cm 长松紧带 1 条
【编织方法】
1. 起 100 针辫子针，从裤腰往下环形钩织花样 B，钩 3 圈后，合并成双层，中间穿入松紧带。继续环形钩织花样 B，钩 8 行后，将织片均分成左右裤筒分别钩织。
2. 右裤筒钩 52 针花样 B，往返钩 14 行，再环形钩 8 圈，改钩 4 圈花样 A，最后钩 1 圈花边。
3. 左裤筒余下 48 针，前后裤裆接头处各重叠钩 2 针，共 52 针花样 B，往返钩 14 行，再环形钩 8 圈，改钩 4 圈花样 A，最后钩 1 圈花边。

（4针一组单元花）
花边图解
花样B

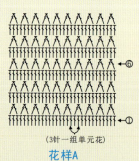
（3针一组单元花）
花样A

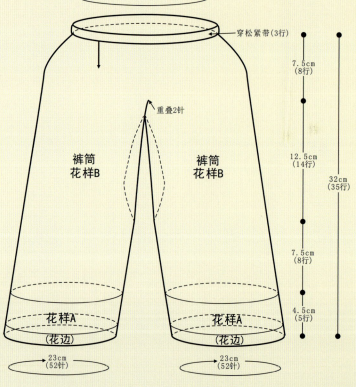
44cm（100针）
穿松紧带（3行）
重叠2针
裤筒花样B　裤筒花样B
花样A（花边）　花样A（花边）
23cm（52针）　23cm（52针）
7.5cm（8行）
12.5cm（14行）
7.5cm（8行）
4.5cm（5行）
32cm（35行）

04 粉红色的鞋子

【成品尺寸】长 10cm 宽 4.5cm 高 9cm
【工　　具】2mm 钩针
【材　　料】粉色中细棉线 100g 白色中细棉线 5g
【编织密度】钩针 10cm² : 22.6 针 × 11 行
【附　　件】白色纽扣 2 颗
【编织方法】
1. 鞋底：粉色线起 13 针锁针起钩，返回钩 1 圈长针，依照鞋子图解的顺序去钩织，鞋底钩 3 圈长针，然后开始钩织鞋身侧面。
2. 鞋身：侧面用粉色线钩 1 圈长针，然后钩 4 圈短针，鞋身两侧及后跟继续钩 2 行短针，鞋头部分钩 2 针并 1 针的长针。共钩 7 行，鞋身编织完成。
3. 鞋筒：粉色线起钩 51 针，钩 5 圈长针，最后钩 1 圈花边。
4. 系带：粉色线按图钩织长约 30cm 系带穿入鞋帮。
5. 小花：白色线钩织 2 朵小花，与纽扣分别缝合于鞋面。

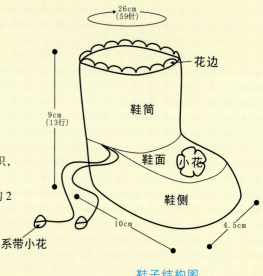

鞋子结构图

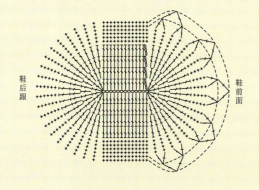

鞋底、鞋侧、鞋面花样图解

（4针一组单元花）
花边图解

鞋筒花样图解

系带小花图解

鞋面小花图解

---

05 小手套

【成品尺寸】长 9.5cm 宽 7cm
【工　　具】2mm 钩针
【材　　料】粉色中细棉线 80g 白色中细棉线 5g
【编织密度】钩针 10cm² : 22.6 针 × 10.5 行
【附　　件】白色纽扣 2 颗
【编织方法】
1. 手套主体：粉色线打圈从手套头起钩，第 1 圈 12 针，第 2 圈 24 针，第 3~5 圈 36 针，第 6~7 圈往返钩织，接头处留起 2 针的拇指孔，第 8~9 圈继续环形钩织，最后第 10 圈钩 1 圈花边。
2. 拇指：沿主体拇指孔钩起 14 针，环形钩 2 圈，第 3 圈减为 7 针，然后束状收紧。
3. 系带：粉色线按图钩织长约 30cm 系带穿入手套手腕处。
4. 小花：白色线钩织 2 朵小花，与纽扣一起分别缝合于手套背面。

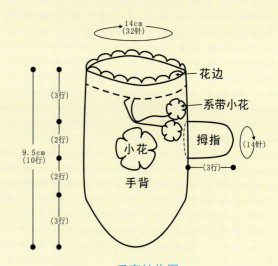

手套结构图

（4针一组单元花）
花边图解

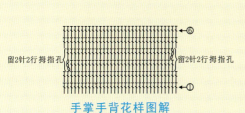

手掌手背花样图解

系带小花图解

鞋面小花图解

手套头花样图解

编织过程解析

粉红色的上衣

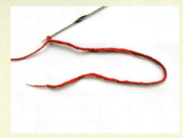

1. 起96针锁针的辫子，从领口向下往返钩织。

2. 按上身片花样图解在辫子上钩第1层，前领两片各10针长针，后领24针长针，肩部各12针长针，中间锁针和松叶针花间隔。

3. 第2层在前后左右肩部两边各加1针长针，其他不变。

4. 按第3步的方法，每层都在前后左右肩部各加1针长针的方法钩10层，这时前领各片19针长针，后领42针长针，左右肩部各30针。

5. 按下身片花样图解钩下身片。

6. 注意前后腋下的连接。

7. 下身片第1层花样完成。

8. 下身片第2层长针完成。

9. 按下身片花样图解钩7层花样。

10. 最后按花边图解钩1层花样，花样钩到最后不断线。

11. 接着钩门襟和领边的边边花样。

12. 上衣正身完工。

13. 另接线钩袖子。

14. 按下身花样图解钩。

15. 钩 6 层花样。

16. 钩边边花样。

17. 两只袖子完成效果图。

18. 另钩 200 针锁针的辫子。

19. 准备 1 个 5cm 宽的长纸板，在纸板上绕线圈。

20. 把绕好的线圈取下扎紧。

21. 做成 2 个绒线球。

22. 把 200 针的锁针辫子穿入领口。

23. 把绒线球接入辫子的两端，打上蝴蝶结，整件衣服完成。

1. 手指绕成圈，在圈内钩3针锁针立起。

2. 在圈内钩15针长针，加上立起针共是16针。

3. 第2圈，在上1圈的每针长针上加1针，钩32针长针。

4. 第3圈，在上1圈的每2针长针上加1针，钩48针长针。

5. 第4圈，在上1圈的每6针长针上加1针，钩56针长针。

6. 第5圈，在上1圈的每7针长针上加1针，钩64针长针。

7. 第6圈，在上1圈的每8针长针上加1针，钩72针长针。

8. 第7圈，在上1圈的每9针长针上加1针，钩80针长针。

9. 80针长针圈上不加不减钩5圈。

10. 第13圈按边边图解钩1圈花边。

11. 按图解钩1个小花朵后不断线钩1条长约60cm的带子。

12. 把带子穿入帽子后钩带子的另一个小花朵。

13. 打成蝴蝶结形状。

14. 准备 1 个 5cm 宽的长纸板，在纸板上绕线圈。

15. 把绕好的线圈取下扎紧。

16. 做成 2 个绒线球。

17. 把球缝于帽檐的两侧，帽子完成。

粉红色的裤子

1. 起 100 针锁针的辫子，从腰部向下环形钩织。

2. 按花样 B 图解的方法环形钩 3 圈长针。

3. 把 3 层长针合并成双层，中间穿入松紧带。

4. 合并成双层后继续钩长针。

5. 合并后穿好松紧带的效果图。

6. 继续环形钩织花样 B，钩 8 圈后的效果。

7. 把织片平均分成左右裤管钩织。

8. 分好的的右裤管往返钩织 14 行后。

9. 右片钩的裤管再环形圈钩。

10. 如图钩 8 圈后。

11. 再按花样 A 的图解钩 2 圈花样。

12. 最后钩边边花样。

13. 同样的方法钩好左裤管，裤子完成效果图。

粉红色的鞋子

1. 钩 13 针锁针的辫子，从鞋底钩织。

2. 钩 3 针锁针立起，在辫子上钩 12 针长针。

3. 在第 13 针锁针上钩 6 针松叶针。

4. 在辫子的对面再钩 12 针长针和 6 针松叶针。

5. 与 3 针锁针的立起针连接。

6. 第 2 圈按图解在每个松叶针花上加针到 13 针长针，其他不变继续钩。

7. 第 3 圈按图解在每个松叶针花上加针到 20 针长针，这 1 圈共有 64 针长针。

8. 第 4 圈不加不减钩 64 针长针。

9. 第 5 圈到第 8 圈不加不减在长针上钩 64 针短针。

10. 第 9 圈开始钩鞋身，在松叶花的 20 针短针上钩 2 针并 1 针的长针花样，其他钩短针。

11. 第 10 圈钩短针不变，长针花减至 5 针。

12. 第 11 圈至第 15 圈钩长针的鞋筒。

13. 鞋筒最后钩 1 圈花边。

14. 钩长约 30cm 的有小花的小花带。

15. 把小花带穿入鞋筒后钩另一个小花。

16. 用白色线绕成圈，在圈内钩3针锁针立起。

17. 在圈内钩2针长针。

18. 再钩3针锁针、1针短针与圈连接。

19. 按第17~18的步骤钩5个小花瓣，完成小花朵。

20. 在小花朵的中间缝1粒小扣子，再缝到鞋身上面完工。

粉红色的小手套

1. 手指绕成圈，在圈内钩3针锁针立起。

2. 在圈内钩11针长针，加上立起针共是12针。

3. 第2圈，在上1圈上每1针长上加1针，钩24针长针。

4. 第3圈到第5圈是36针长针。

5. 第6圈钩到最后留2针位置往返钩织，留拇指孔。

6. 第7圈和第6圈方法相同。

7. 第 7 圈钩到最后与第 1 针连接。

8. 第 8 圈和第 9 圈继续圈钩。

9. 第 10 圈钩 1 圈花边。

10. 在拇指孔的位置上钩 14 针长针圈钩。

11. 拇指第 2 圈钩 14 针。

12. 第 3 圈 2 针并 1 针减至 7 针长针。

13. 然后束状收紧。

14. 钩 1 条 30cm 长的小花带穿入手套手腕处。

15. 用白色线绕成圈，在圈内钩 3 针锁针立起。

16. 在圈内钩 2 针长针。

17. 再钩 3 针锁针、1 针短针与圈连接。

18. 按第 15~17 的步骤钩 5 个小花瓣，完成小花朵。

19. 在小花朵的中间缝 1 粒小扣子，再将小花朵缝到手套上面完工。

06、07
白色的鞋子、手套

0~12个月

0~12个月

白色小外套

宝宝是纯净无瑕的，白色是纯洁的象征，一
款小外套，衬托着宝宝粉嫩的皮肤，就像天
使一般美好。可不要以为光有外套就够了，
贴心的妈妈还要给宝宝准备其他配饰，搭配
上 018、019 页的小物件，给宝宝全方位的关怀。

0~12 个月

06 白色的鞋子

【成品尺寸】鞋长 12cm　宽 6cm　高 7cm
【工　具】2mm 钩针
【材　料】白色中细棉线 80g　红色棉线 10g　绿色棉线少许
【编织密度】钩针 10cm² : 33 针 × 10.5 行
【编织方法】
1. 鞋底:起 17 针锁针起钩,返回钩 1 圈长针,依照鞋子图解的顺序去钩织,鞋底钩 3 圈长针,然后开始钩织鞋身侧面。
2. 鞋身:侧面钩 2 圈长针,然后鞋身两侧及后跟继续钩 3 行长针,鞋头部分钩 2 针并 1 针的长针。共钩 5 行,接着不加减针钩 4 行长针作为鞋筒,最后钩 1 行短针锁边,鞋身编织完成。
3. 系带:白色线按系带小花图解钩织两条系带,穿入鞋筒。
4. 小花:按小花图解,红色线钩织 2 朵小花;按叶子图解,绿色线钩织 4 片叶子,完成后分别缝合于鞋面。

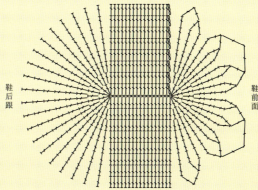

鞋子结构图

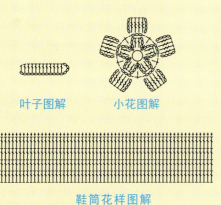

叶子图解　　小花图解

鞋筒花样图解　　鞋底、鞋侧、鞋面花样图解　　系带小花图解

07 手套

【成品尺寸】长 11cm　宽 7cm
【工　具】2mm 钩针
【材　料】白色中细棉线 80g　红色棉线 20g　绿色棉线 10g
【编织密度】钩针 10cm² : 22.9 针 × 10.5 行
【编织方法】
1. 手套主体:白色线起 10 针辫子针,返回钩 1 圈长针,共 32 针,然后不加减针环形钩长针,第 6~7 圈往返钩织,接头处留起 2 针的拇指孔,第 8~11 圈继续环形钩织,最后第 12~13 圈钩花边。
2. 拇指:沿主体拇指孔钩起 14 针,环形钩 2 圈,第 3 圈减为 7 针,然后束状收紧。
3. 系带:按图钩织长约 30cm 系带穿入手套手腕处。
4. 小花:按小花图解,红色线钩织 2 朵小花;按叶子图解,绿色线钩织 4 片叶子,完成后分别缝合于手套背面。

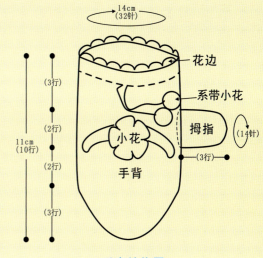

手套结构图

手套顶部花样图解

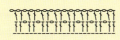

花边图解

系带小花图解

叶子图解　　小花图解

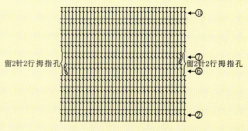

手套筒花样图解

08 小围兜

【成品尺寸】长 20cm　宽 21cm
【工　具】2mm 钩针
【材　料】白色中细棉线 80g　红色、绿色棉线各少许
【编织密度】钩针 10cm² : 25.7×13 行
【编织方法】
1. 钩针钩织主体，起 54 针辫子针，返回钩长针，按围兜花样图解往返钩织 22 行后，第 23 行中间留起 30 针，两侧各 12 针减针钩织 4 行，完成后按系带小花图解钩 1 条长约 20cm 的绳子，末端钩小花。
2. 沿帽顶左、右及前边沿往返钩长针，起 92 针，钩 16 行。
3. 按后沿花边图解方法，沿帽子后沿钩织 2 行花边，按系带图解钩 1 条长约 40cm 的绳子。
4. 按围兜花边图解所示沿主体钩织 1 行花边。
5. 小花 : 按小花图解，红色线钩织 1 朵小花 ; 按叶子图解，绿色线钩织 2 片叶子，完成后缝合于围兜中间。

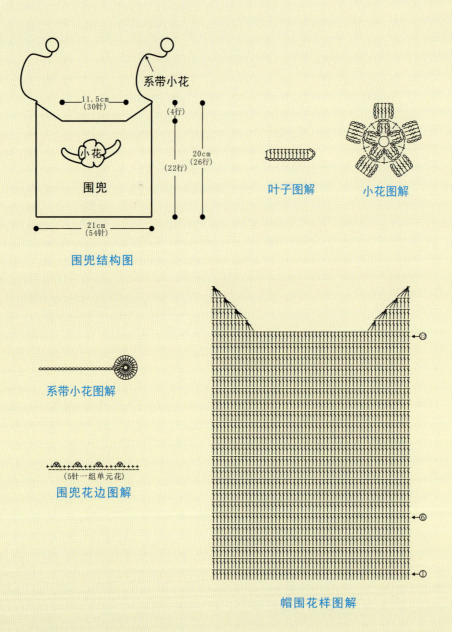

围兜结构图

叶子图解　　小花图解

系带小花图解

围兜花边图解

帽围花样图解

09 帽子

【**成品尺寸**】长 23cm　帽围 41cm
【**工　　具**】2mm 钩针
【**材　　料**】白色中细棉线 80g　红色、绿色棉线各少许
【**编织密度**】钩针 10cm^2：33 针 × 10.5 行
【**编织方法**】

1. 钩针钩织主体，先钩帽顶，起 20 针辫子针，返回钩长针，按花样图解往返钩织 18 行后，开始钩帽围。
2. 沿帽顶左、右及前边沿往返钩长针，起 92 针，钩 16 行。
3. 按后沿花边图解方法，沿帽子后沿钩织 2 行花边，按系带小花图解钩 1 条长约 40cm 的绳子，穿入帽子后边沿。
4. 按帽底花边图解所示钩织 1 行花边。
5. 小花：按小花图解，红色线钩织 1 朵小花；按叶子图解，绿色线钩织 2 片叶子，完成后缝合于帽侧。

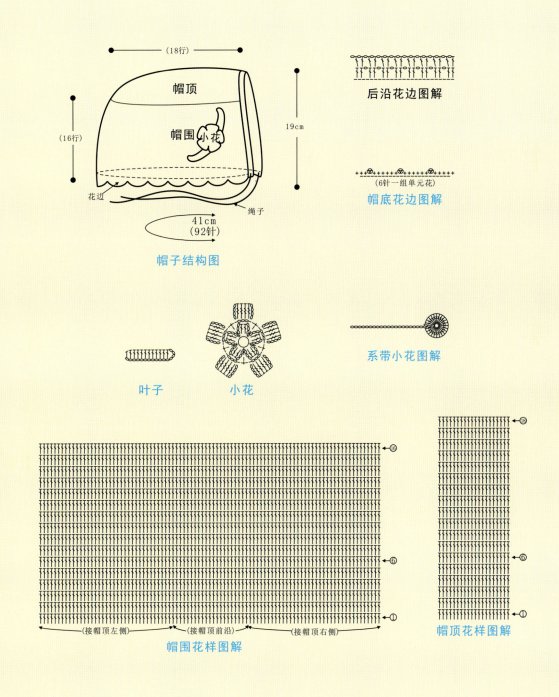

后沿花边图解

（6针一组单元花）
帽底花边图解

帽子结构图

叶子　　小花　　系带小花图解

（接帽顶左侧）　（接帽顶前沿）　（接帽顶右侧）
帽围花样图解

帽顶花样图解

10 白色小外套

【成品尺寸】长 35cm　胸围 64cm　肩连袖长 30cm
【工　　具】2mm 钩针
【材　　料】白色中细棉线 250g　红色棉线 10g　绿色棉线少许
【编织密度】钩针 10cm² : 23.8 针 ×11.6 行
【编织方法】
1. 起 90 针辫子针，从领口往下往返钩织。
2. 按上身片钩织方法，钩织 12 行长针，然后分别钩织下摆片和袖片。
3. 下摆片将左右前片及后片连起来钩织，共 278 针，往返钩织花样 A，钩 27 行。
4. 袖片共 64 针，环形钩织花样 A，袖底两侧按每 2 行减 1 针减 10 次的方法减针，钩 23 行，余下 44 针，按花边图解钩 1 行花边收边。
5. 按花边图解沿领口及前襟、下摆边沿钩织 1 圈花边。
6. 钩 200 针辫子针，穿入上衣领口，两端按系带小花图解钩织 1 朵红色小花。
7. 按小花图解，红色线钩织 2 朵小花；按叶子图解，绿色线钩织 4 片叶子，完成后缝合于衣摆拐角位置。

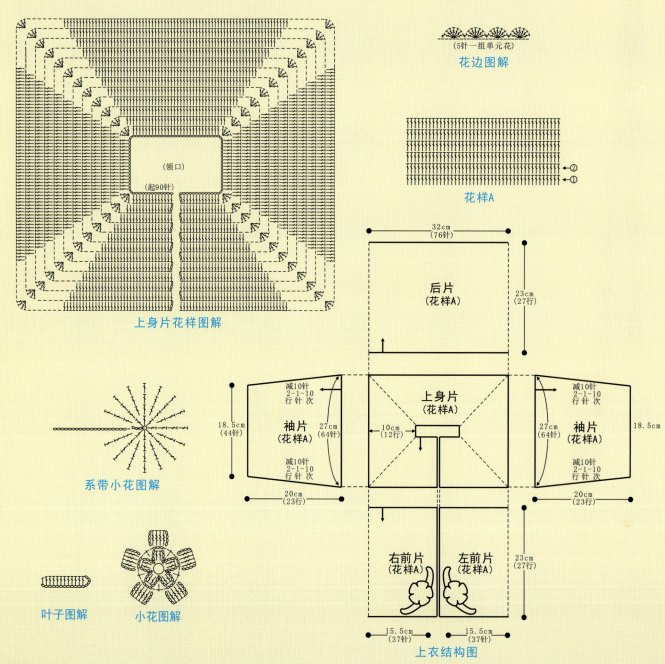

024

11
小雏菊斗篷

宝宝外出的时候也要细心呵护，那么给他备上一款小斗篷吧，宽大的斗篷既可以让他自由活动，又能很好地保暖，把小小的宝宝包在里面完全没有问题。再配上小帽子和同样可爱的小鞋子，宝宝就可以完美出街了。

0～12个月

12、13
粉粉的帽子、鞋子

0~12个月

11 小雏菊斗篷

【成品尺寸】长 41cm　胸围 68cm
【工　　具】13 号棒针　2mm 钩针
【材　　料】浅黄色中细棉线 350g　白色中细棉线 20g　黄色线少许
【编织密度】棒针 10cm² : 36.4 针 × 39.5 行
【附　　件】黄色丝带 1 条
【编织方法】
1. 从衣摆往上往返编织。起 320 针棒针编织花样 A，一边织一边分散减针，每 12 行分散均匀减掉 20 针，织 38cm 后，织片变成 80 针，收针。
2. 钩针沿衣摆及左右两侧钩花边，按花样 B 所示钩织。
3. 钩针沿领口钩领片，按花样 B 所示钩织。
4. 钩针按小花图解钩 8 朵小花，黄色线钩花心，白色线钩花瓣，完成后缝合于斗篷左右前片。
5. 领口穿入丝带。

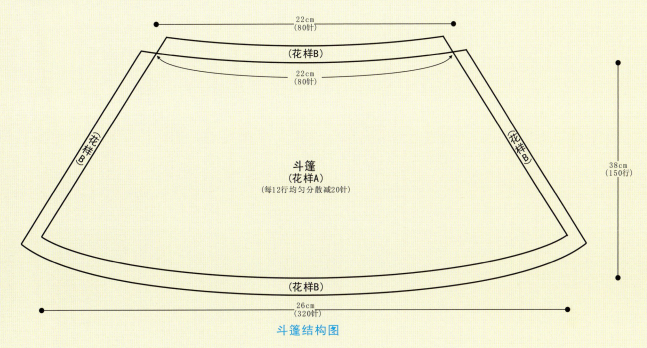

斗篷结构图

小花图解　　花样B

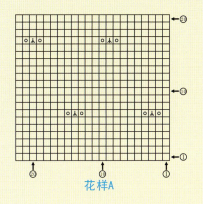

花样A

12 粉粉的帽子

【成品尺寸】长 18cm 帽围 40cm
【工　　具】2mm 钩针
【材　　料】浅黄色中细棉线 80g 白色中细棉线 20g
【编织密度】钩针 10cm^2：30 针 × 10 行
【附　　件】红色珍珠 2 颗
【编织方法】
1. 帽顶：浅黄色线打圈起钩，第 1 圈 16 针，第 2 圈 32 针，第 3 圈 48 针，第 4~5 圈每圈均匀加 16 针，织片变成 80 针，第 6 圈起开始钩帽围。
2. 帽围：按帽围花样图解，起钩 120 针，钩 13 圈后，开始钩花边。
3. 花边：白色线按花边图解起钩 40 组鱼网针，共钩 4 圈。
4. 浅黄色线按小花图解钩 2 朵小花，第 1、2 圈黄色线钩织，第 3 圈白色线钩织，完成后与红色珍珠一起缝合于帽围侧。

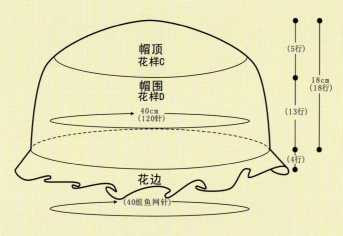

帽子结构图

花边图解

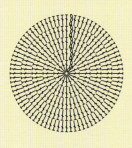

帽顶花样图解

小花图解

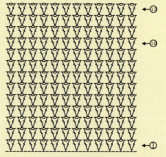

帽围花样图解

13 鞋子

【成品尺寸】长 11cm　宽 6cm
【工　　具】13 号棒针　2mm 钩针
【材　　料】浅黄色中细棉线 80g　白色中细棉线 10g
【编织密度】棒针 $10cm^2$：24 针 × 49 行
【编织方法】
1. 鞋底：起 12 针，织搓板针，第 2、3 行两侧各加 1 针，然后平织 20 行，两侧各加 1 针，平织 26 行后，两侧各减 2 针，共织 11cm，余下 12 针，收针。
2. 鞋身：沿鞋底四周挑起 78 针，环织，不加减针织 1.5cm 后，鞋头的 12 针继续往返编织鞋面，一边织一边两侧挑针合并，织 6.5cm 后，鞋身余下 34 针，全部挑起来编织鞋筒。
3. 鞋筒：鞋筒共 46 针，环形编织搓板针，织 1.5cm 后收针断线。
4. 花边及系带：白色线沿鞋筒口钩织花边，共钩 2 行。按系带小花图解钩织长约 30cm 系带穿入鞋帮。
5. 饰花：按小花图解钩 2 朵小花，黄色线钩花心，白色线钩花瓣，完成后缝合于鞋面。

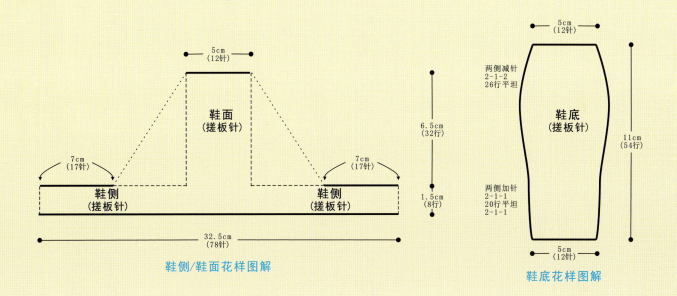

鞋侧/鞋面花样图解

鞋底花样图解

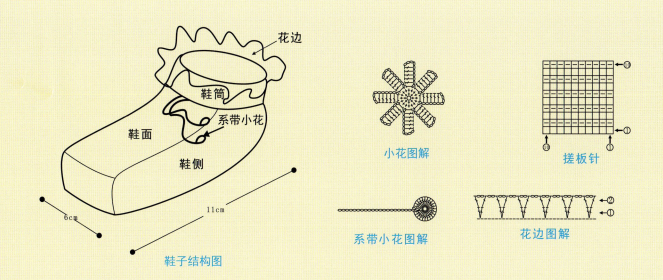

鞋子结构图

小花图解

搓板针

系带小花图解

花边图解

14
黄色喇叭袖系带外套

15
实用背带裤

柔软的米黄色，令人感觉暖暖的。背带裤可以更好地
保护宝宝的小肚子不着凉。宽大的衣袖，即使宝宝的
小手乱动也不怕被束缚了，搭配上032页的小花鞋和
帽子，一起保护宝宝的头和小手，是超有爱的一套宝
宝装。

0~12个月

16、17
黄色帽子、小花鞋

0~12个月

14 黄色喇叭袖系带外套

【成品尺寸】长34cm 胸围58cm 肩连袖长25cm
【工 具】2mm钩针
【材 料】米黄色中细棉线250g
【编织密度】钩针10cm² : 22.4针×11.6行
【附 件】丝带饰花2朵
【编织方法】
1. 起83针辫子针，从领口往下往返钩织。
2. 按花样A的钩织方法，钩织9.5cm长针，然后分别钩织下摆片和袖片。
3. 下摆片共129针，往返钩织花样B，钩19cm。
4. 袖片共65针，环形钩织花样B，钩15.5cm。
5. 按花边图解沿领口及前襟钩织1圈花边。
6. 钩200针辫子针，穿入上衣领口，两侧按小花图解钩织2朵小花。
7. 缝合2朵丝带饰花。

系带小花图解

花边图解
(4针一组单元花)

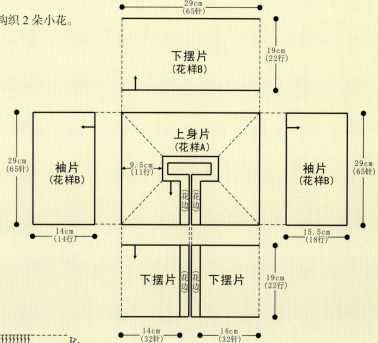

上衣结构图

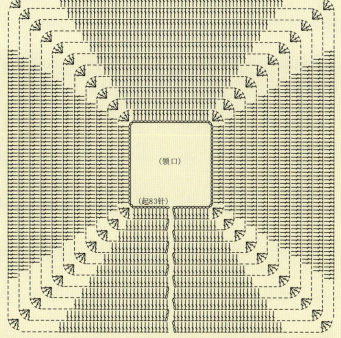

花样A

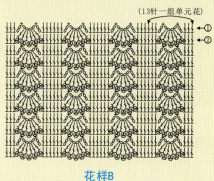

花样B
(13针一组单元花)

15 实用背带裤

【成品尺寸】长41cm　腰围60cm　肩带长30cm
【工　　具】2mm钩针
【材　　料】米黄色中细棉线20g
【编织密度】钩针10cm² : 22.4针 ×11.6行
【附　　件】纽扣7颗　Kitty布饰1片
【编织方法】
1. 裤子起136针辫子针，从裤腰往下环形钩织花样A，钩18行后，将织片均分成前片和后片分别钩织。
2. 前片68针起钩，按每1行减6针减1次，每1行减3针减6次，每1行减1针减2次的方法左右两侧减针，钩8.5cm后余下16针。后片与前片钩织方法一样，最后一行留起3个扣眼。
3. 上身片在裤子前片中间起钩25针，钩花样B，钩7cm。
4. 背带，裤子后片中间留起10针，两侧分别起钩6针，背带钩花样A，往返钩30cm。
5. 按花边图解分别沿裤子织片边沿及两条背带织片边沿钩1圈花边。裤裆及背带前面缝合纽扣。裤子中央用滴胶粘合Kitty布饰。

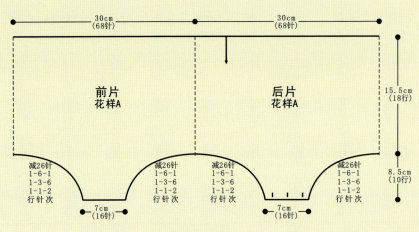

裤子结构图

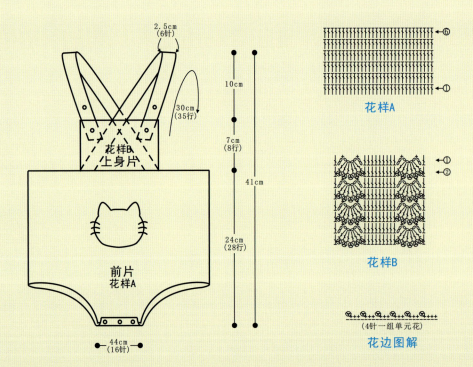

16 黄色帽子

【成品尺寸】长 19cm　帽围 40cm
【工　　具】2mm 钩针
【材　　料】米色中细棉线 80g
【编织密度】钩针 10cm² : 22.4 针 × 11.6 行
【编织方法】
1. 钩针钩织主体，先钩帽顶，米色线打圈按帽顶花样图解起钩，第 1 圈起 16 针，共钩 8 圈，织片变成 88 针，开始钩帽围。
2. 沿帽顶左、右及前边沿往返钩花样 B，每 13 针 1 组单元花，共 6 组单元花，后沿空起 10 针，钩 12 行，最后按花边图解钩 1 行花边。
3. 按花边图解方法，沿帽子后沿钩织 1 行花边，按系带小花图解钩 1 条长约 40cm 的绳子，穿入帽子后边沿。

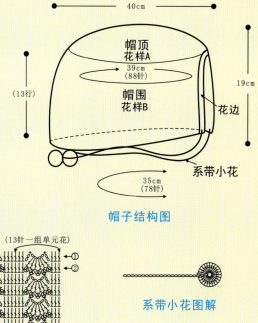

帽子结构图

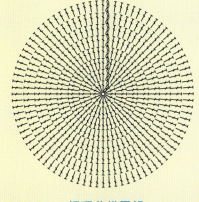

帽顶花样图解

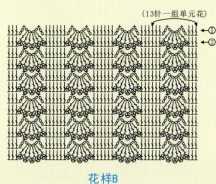

花样B

系带小花图解

花边图解

17 小花鞋

【成品尺寸】长 12cm　宽 5cm
【工　　具】2mm 钩针
【材　　料】米色中细棉线 60g　黄色中细棉线 10g
【编织密度】钩针 10cm² : 22.4 针 × 11.6 行
【附　　件】白色纽扣 2 颗　丝带饰花 2 朵
【编织方法】
1. 鞋底：米色线起 13 针锁针起钩，返回钩 1 圈长针，依照鞋子图解的顺序去钩织，鞋底钩 3 圈长针，然后开始钩织鞋身侧面。
2. 鞋身：侧面米色线钩 2 圈长针。鞋面在鞋头处另起 10 针，往返钩织，第 2 行起钩 12 针，共钩 6 行，鞋身编织完成。
3. 鞋带：黄色线起 20 针辫子针，返回钩 20 针长针，然后沿鞋子后跟钩 28 针长针，缝好纽扣。另一只鞋子反向钩鞋带。

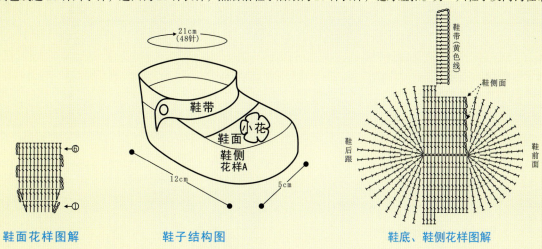

鞋面花样图解　　　　鞋子结构图　　　　鞋底、鞋侧花样图解

18
姜黄色的外套

外套上的图案采用蜜蜂采蜜的花样，极富有童趣。037
页的可爱小背心有个很特别的设计，在衣服的下摆缝
了两颗扣子，这样可以很好地保暖。搭配上038页的
帽子和可爱的学步鞋，是一套送给新生宝宝的好礼物。

0~12个月

19

姜黄色的无袖小背心

0~12个月

20、21
姜黄色的帽子、学步鞋

0~12个月

18 姜黄色的外套

【成品尺寸】长 30cm　胸围 64cm　肩宽 24cm　袖长 13cm
【工　　具】13 号棒针　2mm 钩针
【材　　料】黄色中细棉线 200g
【编织密度】棒针 $10cm^2$：29.6 针 ×40 行
【附　　件】纽扣 3 颗　蜜蜂布饰 5 片
【编织方法】

1. 上衣起 162 针，从衣摆往上往返编织下针，两侧按每 2 行加 2 针加 2 次，每 2 行加 1 针加 8 次的方法加针，织 16cm，不加减针往上织至 64 行，将织片分成左前片、后片和右前片分别编织。先织后片 94 针，起织时两侧各平收 4 针，然后按每 2 行减 1 针减 8 次的方法袖窿减针，织至 112 行，中间后领平收 34 针，两侧按每 2 行减 1 针减 2 次的方法减针，织至 29cm，两肩部各余下 16 针，收针断线。

2. 右前片 46 针织下针，起织时左侧平收 4 针，然后按每 2 行减 1 针减 8 次的方法袖窿减针，织 28 行，右侧平收 4 针，然后按每 2 行减 2 针减 2 次，每 2 行减 1 针减 6 次的方法前领减针，织至 29cm 的总高度，肩部余下 16 针，收针断线。同样方法相反方向织左前片。

3. 袖片起 40 针织花样，两侧按每 2 行加 2 针加 4 次，每 2 行加 1 针加 10 次的方法袖山加针，织 28 行，两侧各平加 4 针，然后按每 6 行减 1 针减 3 次的方法减针织袖筒，织至 48 行，余下 78 针，换钩针按花边图解钩 1 圈花边。

4. 钩针沿领口、前襟及衣摆边钩 1 圈花边。

5. 用钩针钩 11 朵小花 A 及 2 朵小花 B，分别缝合于上衣前胸及两侧袖口位置，用滴胶粘合蜜蜂布饰。

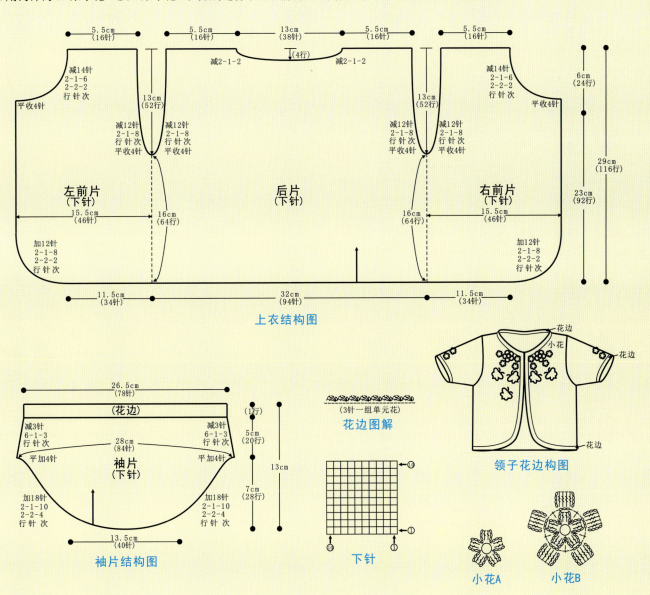

上衣结构图

袖片结构图

花边图解
(3针一组单元花)

下针

领子花边构图

小花A　　小花B

19 姜黄色的无袖小背心

【成品尺寸】长 41cm　胸围 64cm　肩宽 24cm
【工　　具】13 号棒针　2mm 钩针
【材　　料】黄色中细棉线 200g
【编织密度】棒针 10cm² : 29.6 针 ×40 行
【附　　件】纽扣 6 颗　娃娃布饰 1 片
【编织方法】
1. 背心前片起 14 针，从下往上往返编织下针，两侧按每 2 行加 4 针加 2 次，每 2 行加 8 针加 4 次的方法加针，织 12 行，织片变成 94 针，同样的方法另起线织后片，第 13 行起将前后片连起来环形编织，不加减针往上织 92 行，将织片分成前片和后片分别编织。
2. 后片 94 针，起织时两侧各平收 4 针，然后按每 2 行减 1 针减 8 次的方法袖窿减针，织 36 行，中间后领平收 28 针，两侧按每 2 行减 1 针减 5 次的方法减针，织 10 行后，两肩部各收下 16 针，继续织 6 行单罗纹，收针断线。
3. 前片 94 针，起织时两侧各平收 4 针，然后按每 2 行减 1 针减 8 次的方法袖窿减针，织 16 行后，改织 10 行花样，然后继续织下针，织至 28 行，中间前领平收 20 针，两侧按每 2 行减 1 针减 9 次的方法减针，织至 46 行，两肩部各余下 16 针，继续织 6 行单罗纹，收针断线。
4. 棒针沿背心下边沿挑针织单罗纹，注意前片裆底留起 2 个扣眼，共织 8 行后，收针断线。
5. 钩针沿领口及袖窿、肩部钩 1 圈花边。
6. 钩针钩 3 朵小花，分别缝合于背心前胸位置，用滴胶粘合娃娃布饰。

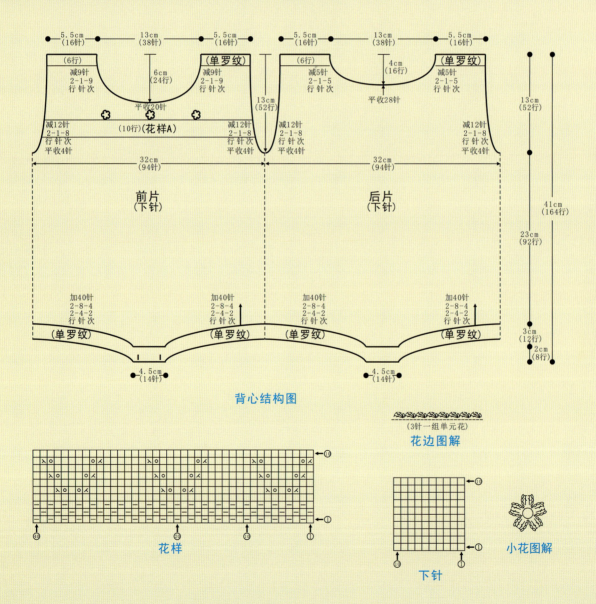

背心结构图

花边图解

（3针一组单元花）

花样

下针

小花图解

20 姜黄色的帽子

【成品尺寸】长 19cm　帽围 38cm
【工　　具】2mm 钩针
【材　　料】黄色中细棉线 80g
【编织密度】钩针 $10cm^2$：33 针 × 10.5 行
【附　　件】粉色丝带 1 条
【编织方法】
1. 帽顶：黄色线打圈起钩，第 1 圈 16 针，第 2 圈 32 针，第 3 圈 48 针，第 4~6 圈每圈均匀加 8 针，织片变成 72 针，第 7 圈起开始钩帽围。
2. 帽围：按帽围花样图解，起钩 90 针，钩 11 圈后，开始钩花边。
3. 花边：按花边图解起钩 126 针，共钩 3 圈。
4. 粉色丝带穿入帽围。

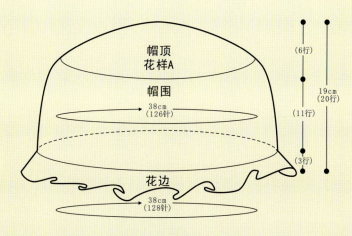

帽子结构图

花边图解

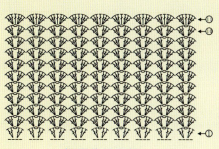

帽围花样图解

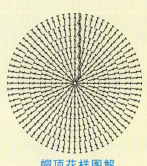

帽顶花样图解

21 学步鞋

【成品尺寸】长 11cm　宽 5cm
【工　　具】2mm 钩针
【材　　料】黄色中细棉线 80g
【编织密度】钩针 10cm² : 33 针 ×10.5 行
【附　　件】白色纽扣 2 颗　粉色丝带 2 条
【编织方法】
1. 鞋底 : 起 13 针锁针起钩，返回钩 1 圈长针，依照鞋子图解的顺序去钩织，鞋底钩 3 圈长针，然后开始钩织鞋身侧面。
2. 鞋身 : 侧面钩 2 圈长针，然后鞋身两侧及后跟继续钩 3 行长针，鞋头部分钩 2 针并 1 针的长针。共钩 5 行，鞋身编织完成。
3. 小花 : 按小花图解钩织 2 朵小花，与纽扣分别缝合于鞋面。
4. 系带 : 粉色丝带穿入鞋跟，从鞋子中部穿出绑带。

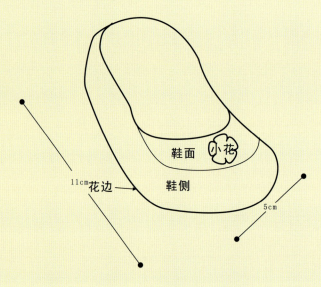

鞋子结构图

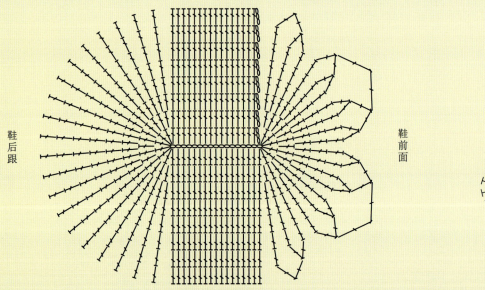

鞋底、鞋侧、鞋面花样图解

小花图解

22、23
粉色婴儿套装

每个宝宝都是天赐的珍宝，又怎么能少了贴
心的照顾呢。这套毛衣有着圆圆的领口，细
细的镂空花纹，定能给宝宝更多的舒适感。

0~12个月

【成品尺寸】长 32cm　胸围 56cm　连肩袖长 32cm

【工　　具】13 号棒针　2mm 钩针

【材　　料】粉色中细棉线 250g

【编织密度】棒针 $10cm^2$：25.7 针 ×33.8 行

【附　　件】纽扣 5 颗

【编织方法】

1. 从衣摆往上往返编织。分别编织衣身片及左右袖片，完成后组合编织上身片。

2. 衣身片起 144 针，织花样 A，织 24 行后，改织花样 B，织 38 行，将织片分成左右前片各 36 针，后片 72 针，两侧袖窿各平收 8 针，待编织上身片。

3. 袖片起 48 针，环形编织，织花样 A，织 24 行后，改织花样 B，袖底两侧按每 6 行加 1 针加 6 次的方法加针，织 38 行，织片变成 60 针，袖底平收 8 针，余下 52 针，改为往返编织上身片。

4. 上身片：将左右前片各 32 针，左右袖片各 52 针，后片 64 针挑针连起来编织花样 B，四条插肩缝按每 4 行减 2 针减 11 次的方法减针，如图所示，织 46 行，余下 6 针。

5. 领片沿领口编织下针，共织 62 针，织 12 行，收针断线。

6. 沿衣身前襟侧分别钩织 4 行短针，作为衣襟片，注意右侧均匀留起 5 个扣眼。

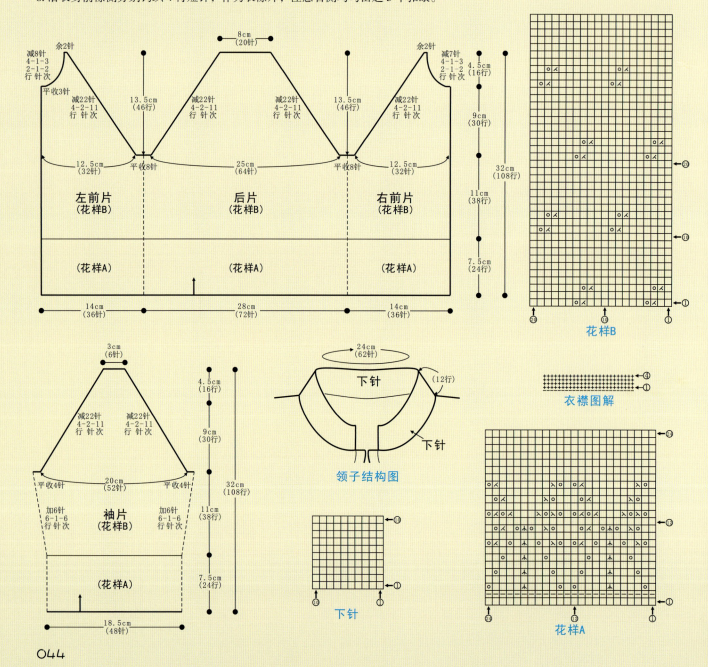

23 粉色婴儿套装（下装）

【成品尺寸】长 39cm　腰围 38cm
【工　　具】13 号棒针
【材　　料】粉色中细棉线 250g
【编织密度】棒针 10cm² : 25.7 针 × 33.8 行
【附　　件】40cm 长松紧带 1 条
【编织方法】

1. 从裤腰往下环形编织。起 120 针，织下针，织 2cm 后，第 7 行织上针，继续织至 13 行，第 14 行与起针合并成双层，中间穿入松紧带。继续环形编织花样 B，织 22 行，将织片分出前后片，在前后片的中间分别织 10 针搓板针，其余继续织花样 B，织 6 行后，将织片从搓板针中间均分成左右裤筒分别编织。

2. 右裤筒 60 针，两侧边各织 5 针搓板针，其余织花样 B，往返织 52 行，将 5 针搓板针重叠合并，织片变成 55 针，改为环形编织，裤筒内侧缝两侧按每 8 行减 1 针减 4 次的方法减针，织 11.5cm 后，余下 47 针，改织花样 A，织 2cm，收针断线。

3. 同样的方法编织左裤管。

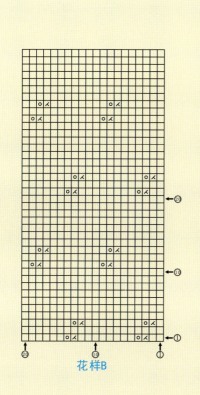

花样B

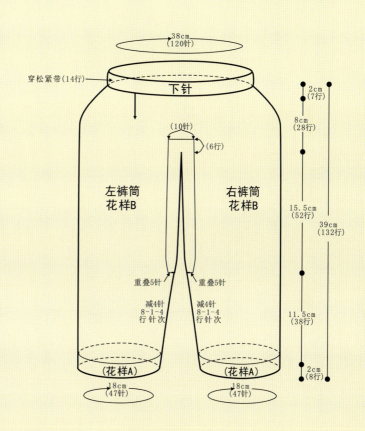

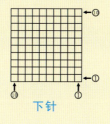

下针

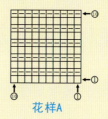

花样A

24
粉嫩纽扣鞋

0~12个月

24 粉嫩纽扣鞋

【成品尺寸】长 11cm 宽 5cm
【工　　具】2.5mm 钩针
【材　　料】粉色线 100g 紫色线 50g
【编织密度】钩针 10cm^2：22.6 针 × 11 行
【附　　件】纽扣 2 颗
【编织方法】

按照鞋子的结构从鞋子的鞋底起针，接着围绕鞋底钩 3 行短针，钩鞋面，最后钩鞋带，并钉纽扣，具体钩法参照下图。

结构图

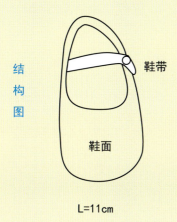

鞋带

鞋面

L=11cm

鞋带的钩法：

扣眼

后　　　　前

鞋底的钩法：

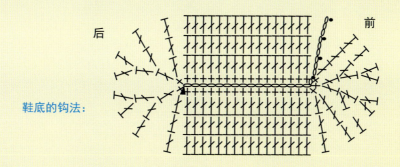

鞋面连鞋后跟的钩法：

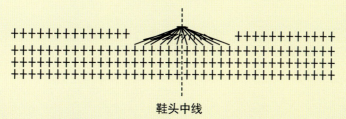

鞋头中线

25、26
绿色镂空套装

低调的颜色既适合男宝宝也适合女宝宝穿着，开衫的
设计容易穿脱，可爱的动物纽扣相信会得到宝宝的喜
爱，这个年纪的小宝宝，开裆裤自然是必不可少的了。

0~12个月

048

25 绿色镂空套装（上装）

【成品尺寸】 长 35cm　胸围 52cm　连肩袖长 35cm
【工　　具】 13 号棒针
【材　　料】 绿色中细棉线 250g　白色中粗棉线 50g
【编织密度】 棒针 $10cm^2$: 28.5 针 × 37.7 行
【附　　件】 纽扣 5 颗
【编织方法】

1. 从衣摆往上返编织。分别编织衣身片及左右袖片，完成后组合编织上身片。
2. 衣身片起 142 针，织花样 A，织 2cm 后，改织花样 B，织 19cm，将织片分成左右前片各 31 针，后片 68 针，两侧袖窿各平收 6 针，待编织上身片。
3. 袖片起 41 针，织花样 A，织 8 行后，改织花样 B，袖底两侧按每 12 行加 1 针加 5 次的方法加针，织 19cm，织片变成 51 针，袖底平收 6 针，余下 45 针待编织上身片。
4. 上身片：将左右前片各 31 针，左右袖片各 45 针，后片 68 针挑针连起来编织花样 C，按图解方法每 12 行分散减针 1 次，织至 52 行，余下 76 针，改织 8 行下针作为衣领。
5. 沿衣身前襟侧分别钩织 4 行短针，作为衣襟片，在右侧均匀留起 5 个扣眼。

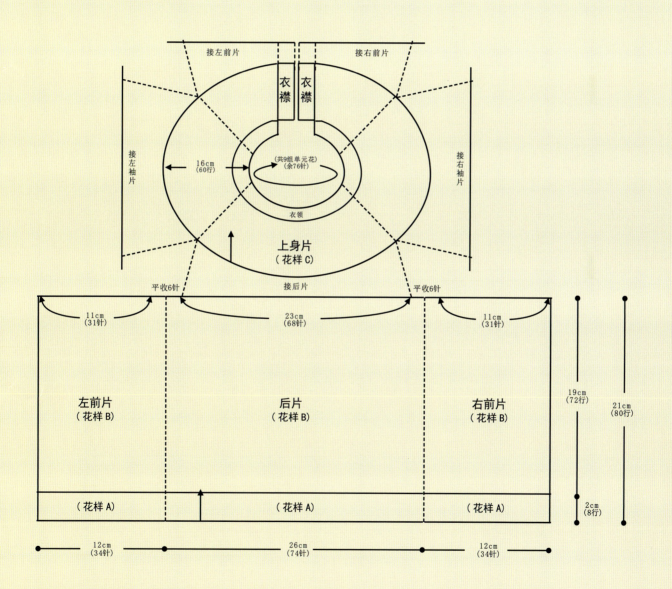

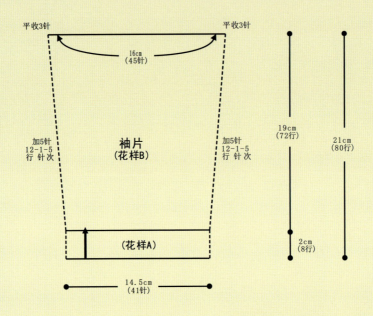

平收3针　　　　　　平收3针

16cm
(45针)

袖片
(花样B)

加5针　　　　加5针
12-1-5　　　　12-1-5
行 针 次　　　　行 针 次

19cm
(72行)

21cm
(80行)

(花样A)

2cm
(8行)

14.5cm
(41针)

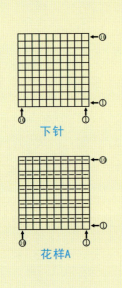

下针

花样A

衣襟图解

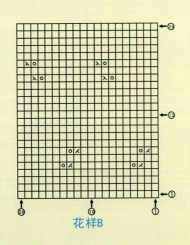

花样B

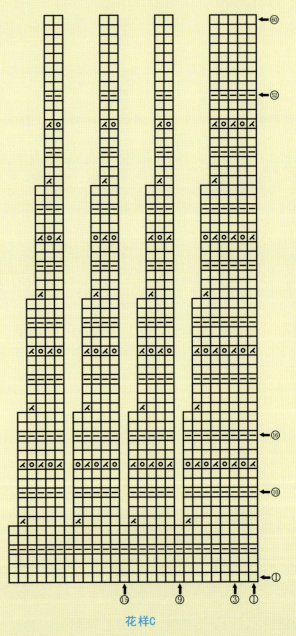

花样C

050

26 绿色镂空套装（下装）

【成品尺寸】长 39cm　腰围 38cm
【工　具】13 号棒针
【材　料】绿色中细棉线 250g
【编织密度】棒针 $10cm^2$：28.5 针 ×37.7 行
【附　件】40cm 长松紧带 1 条
【编织方法】
1. 从裤腰往下环形编织。起 122 针，织下针，织 6 行后，第 7 行织上针，继续织至 13 行，第 14 行与起针合并成双层，中间穿入松紧带。继续环形编织花样 B，织 20 行，将织片分出前后片，在前后片的中间分别织 10 针搓板针，其余继续织花样 B，织 6 行后，将织片从搓板针中间均分成左右裤筒分别编织。
2. 右裤筒 61 针，两侧边各织 5 针搓板针，其余织花样 B，往返织 50 行，将 5 针搓板针重叠合并，织片变成 56 针，改为环形编织，裤筒内侧缝两侧按每 10 行减 1 针减 5 次的方法减针，织 56 行后，余下 46 针，改织花样 A，织 8 行，收针断线。
3. 同样的方法编织左裤筒。

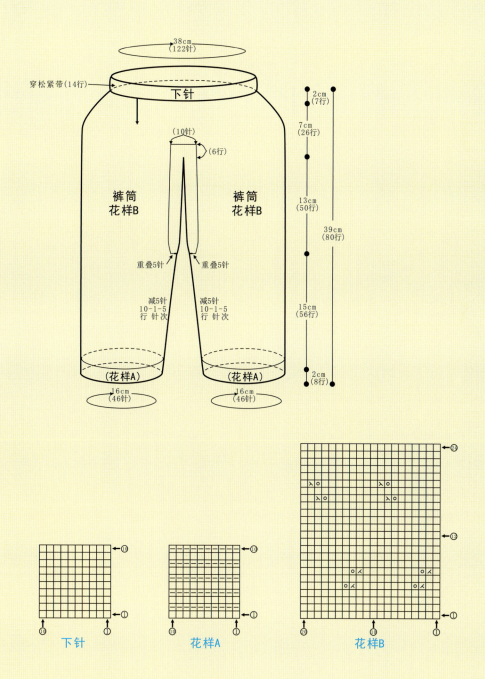

0~12个月

27 简约纽扣鞋

【成品尺寸】长 11cm　宽 5.5cm
【工　具】2.5mm 钩针
【材　料】咖啡色毛线 100g　绿色线少许
【编织密度】钩针 10cm² : 22.6 针 × 11 行
【附　件】绿色扣子 4 颗
【编织方法】
按照鞋子的结构从鞋子的鞋底起针，接着钩鞋面 6 行短针，再钩鞋带交叉，最后钉扣子，与鞋面缝合，具体钩法参照下图。

鞋面连鞋后跟的钩法：

（钩 6 行，中线减针）

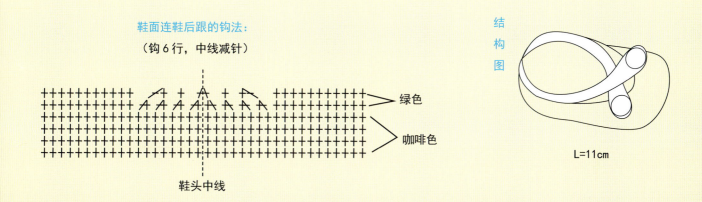

绿色

咖啡色

鞋头中线

结构图

L=11cm

鞋带交叉的钩法：绿色

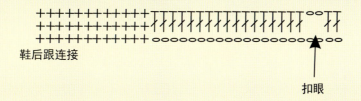

鞋后跟连接

扣眼

鞋底的钩法：咖啡色

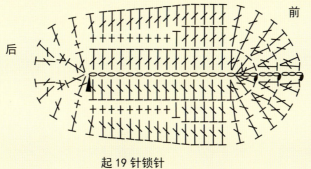

后　　　　　　　前

起 19 针锁针

053

28
蓝色系带小外套

29、30
蓝色帽子、鞋子

可爱的小帽子和小鞋子，搭配上 054 页美丽而简单的蓝色系带小外套，纯净的蓝色给人视觉上的享受，波浪纹的设计让人联想到大海，给宝宝更多的温暖。

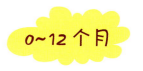

0~12个月

【成品尺寸】 长 38cm　胸围 58cm　连肩袖长 29cm

【工　　具】 2mm 钩针　5mm 绒球绕线器

【材　　料】 蓝色中细棉线 200g　白色中细棉线 50g

【编织密度】 钩针 $10cm^2$: 27.6 针 × 10.7 行

【附　　件】

【编织方法】

1. 起 80 针辫子针，从领口往下往返钩织。

2. 按上衣花样图解的钩织方法，将织片均分成 16 组单元花加针，每 1 行蓝色 2 行白色间隔钩织，钩织 15 行后，第 16 行起，全部用蓝色线钩织。钩至 17 行，第 18 行起分出衣身左前片、右前片、后片及左右袖片，分别钩织。

3. 左前片 2 组单元花，后片 4 组单元花，右前片 2 组单元花，连起来往返钩织，钩 17 行后，衣身片完成。

4. 左右袖片各 4 组单元花，环形钩织 14 行，最后钩 1 圈花边。

5. 按花边图解沿衣身领口及衣襟、下摆钩 1 圈花边。

6. 钩 160 针辫子针，沿领口穿入 1 圈，两端绑系绒球。

7. 按系带小花图解钩织 2 朵小花，缝合于上衣前襟。

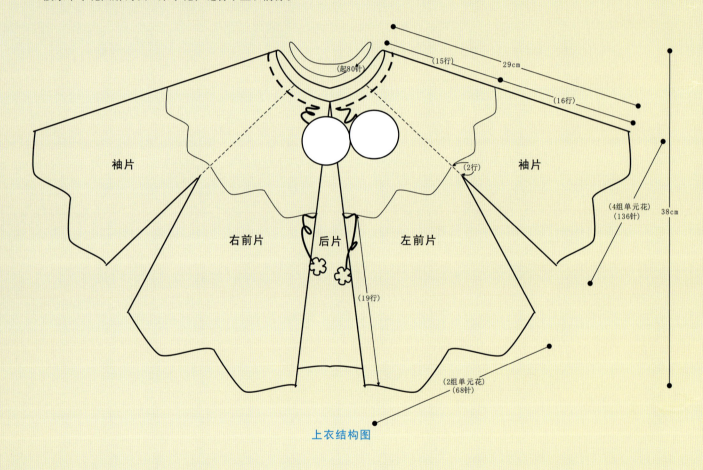

上衣结构图

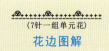

（7针一组单元花）

花边图解

系带小花图解

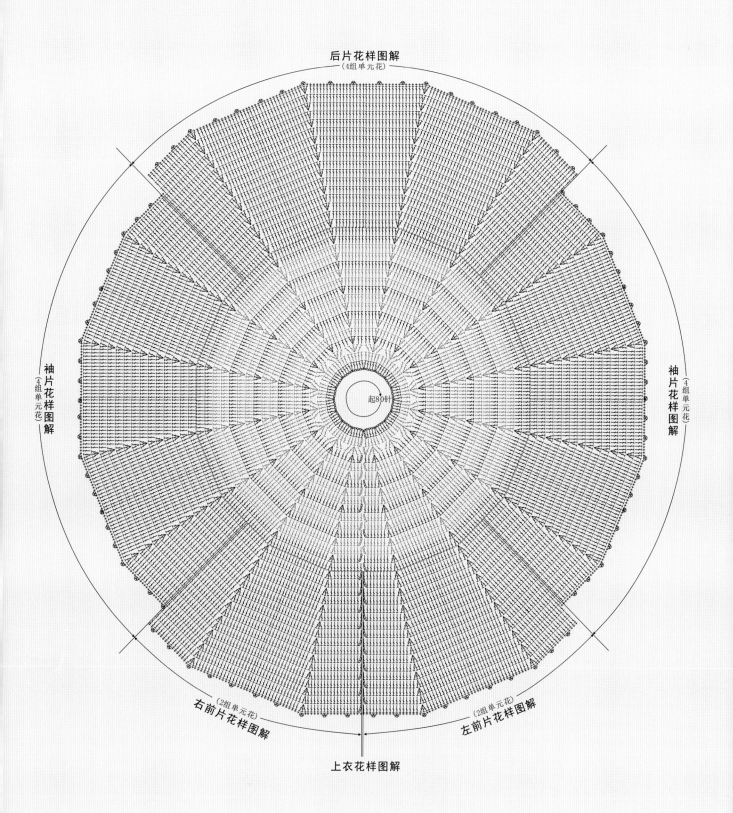

后片花样图解
（4组单元花）

袖片花样图解
（4组单元花）

袖片花样图解
（4组单元花）

起80针

（2组单元花）
右前片花样图解

（2组单元花）
左前片花样图解

上衣花样图解

29 蓝色帽子

【成品尺寸】长 19cm　帽围 41cm
【工　　具】2mm 钩针
【材　　料】蓝色中细棉线 80g　白色中细棉线 10g
【编织密度】钩针 10cm² : 27.6 针 × 10.7 行
【编织方法】
1. 钩针钩织主体，先钩帽顶，蓝色线起 20 针辫子针，返回钩长针，按花样图解往返钩织 18 行后，开始钩帽围。
2. 蓝色线沿帽顶左、右及前边沿往返钩长针，起 92 针，钩 16 行。
3. 蓝色线按后沿花边图解方法，沿帽子后沿钩织 2 行花边，按系带小花图解钩 1 条长约 40cm 的绳子，穿入帽子后边沿。
4. 白色线按帽底花边图解所示钩织 1 行花边。

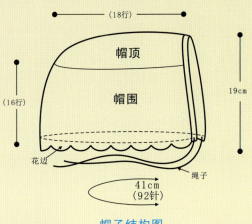

帽子结构图

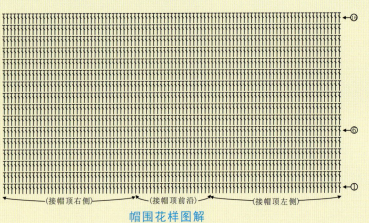

帽围花样图解

帽顶花样图解

系带小花图解

后沿花边图解

帽底花边图解

---

30 鞋子

【成品尺寸】长 11cm　宽 5cm
【工　　具】2mm 钩针
【材　　料】蓝色中细棉线 80g　白色中细棉线 10g
【编织密度】钩针 10cm² : 27.6 针 × 10.7 行
【编织方法】
1. 鞋底：蓝色线起 17 针锁针起钩，返回钩 1 圈长针，依照鞋子图解的顺序去钩织，鞋底钩 3 圈长针，然后开始钩织鞋身侧面。
2. 鞋身：侧面蓝色线钩 3 圈长针。鞋面在鞋头处另起 12 针，往返钩织，第 2 行起钩 14 针，共钩 9 行，鞋身编织完成。
3. 鞋筒：蓝色线钩 1 圈长针，共 42 针，再改用白色线钩 1 圈长针，最后用白色线钩 1 圈长针与锁针的间隔作为花边。
4. 系带：蓝色线按图钩织长约 30cm 系带穿入鞋帮。

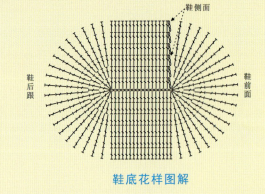

鞋底花样图解

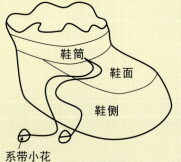

系带小花

鞋子结构图

鞋面花样图解

鞋筒花样图解

31
蕾丝花边上衣

纯美的蕾丝花边点缀，与衣服下摆的朵朵小花相呼应，甜美无敌。珍珠扣的运用，为衣服的甜美高贵加分不少。下摆的独特设计，让衣服更加特别。

0~12个月

31 蕾丝花边上衣

【成品尺寸】长38cm 胸围60cm 连肩袖长8cm

【工　　具】2mm 钩针

【材　　料】白色中细棉线150g 蓝色中细棉线100g

【编织密度】钩针10cm²：26针×10行

【附　　件】纽扣2颗 蕾丝花边2条 丝带饰花38朵

【编织方法】

1. 白色线起76针辫子针，从领口往下往返钩织花样A。

2. 上身片共分成13组加针，即每行均匀加13针，钩8行后，织片变成180针。

3. 衣襟片沿上身片侧边钩织21针短针，往返钩4行，注意其中一侧均匀留起2个扣眼。

4. 将上身片分成四部分，前片52针，左右袖片各40针，两衣襟片重叠，底部钩起4针，及左右后片各24针，共52针作为后片。将前片与后片连起来改用蓝色线环形钩织，两侧袖底各加起4针，共112针，两侧缝每1行加1针，钩13行后，织片变成160针，改用白色线钩织，每行均匀加4针，钩8行后，不加减针再钩2行，改钩1行花边。

5. 蓝色线在衣摆花边的上一行，按花样B钩1圈内钩针，再钩1圈长针。

6. 衣襟缝合纽扣，袖窿缝合蕾丝花边，衣摆及袖窿前侧缝合丝带饰花。

7. 棒针沿领口及衣襟片边沿挑起126针，织3行下针，第4行向内合并缝合成双层边。

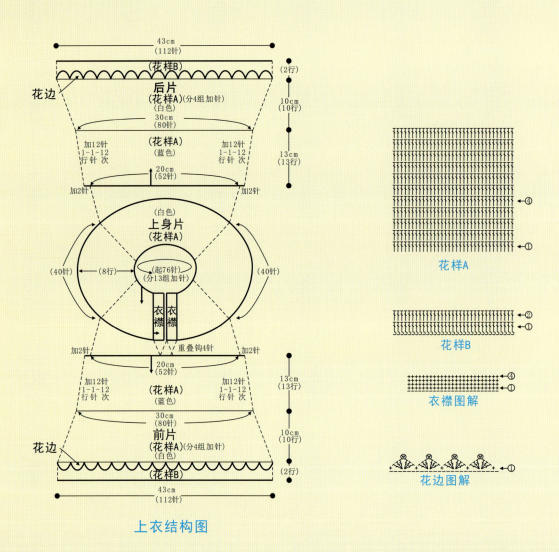

上衣结构图

花样A

花样B

衣襟图解

花边图解

32
小巧可爱外套

时尚百搭的圆形领口显得很可爱，红白相间的领口花边很精致，系带的设计可以更好地调节大小，毛衣采用健康舒适的宝宝棉线，亲和肌肤，透气性好，给宝宝更多舒适感。

0~12个月

32 小巧可爱外套

【成品尺寸】长31cm　胸围56cm　连肩袖长21cm
【工　　具】2mm钩针
【材　　料】红色中粗棉线250g　白色中粗棉线50g
【编织密度】钩针10cm²：20针×10.3行
【附　　件】纽扣3颗
【编织方法】

1. 起88针辫子针，从领口往下往返钩织。
2. 上身片共钩8组单元花，按花样A的加针方法加针，第1~3行红色线钩织，第4行白色线连接第2行的顶部钩，使第3行花边浮于织片表面，第5行白色线钩，按此方法钩8行的高度，第9、10行钩长针，织片变成160针，上身片完成。第11行起，分出衣身左前片、右前片，后片及左右袖片，分别钩织。
3. 左右前片各20针，后片48针，连起来往返钩织，两侧袖底各加8针，共104针，红色线钩花样B，钩16cm后，改钩花样C，钩6cm的高度，衣身片完成。
4. 左右袖片各36针，袖底加起8针，共44针，环形钩织花样B，袖底缝两侧按每2行减1针减4次的方法减针，钩11cm，改钩花样C，袖片完成。
5. 沿衣身前襟侧分别钩织4行短针，作为衣襟片。
6. 按领口花边图解沿衣身领口钩1圈花边。
7. 钩260针辫子针，沿胸围穿入1圈，两端钩织小花。

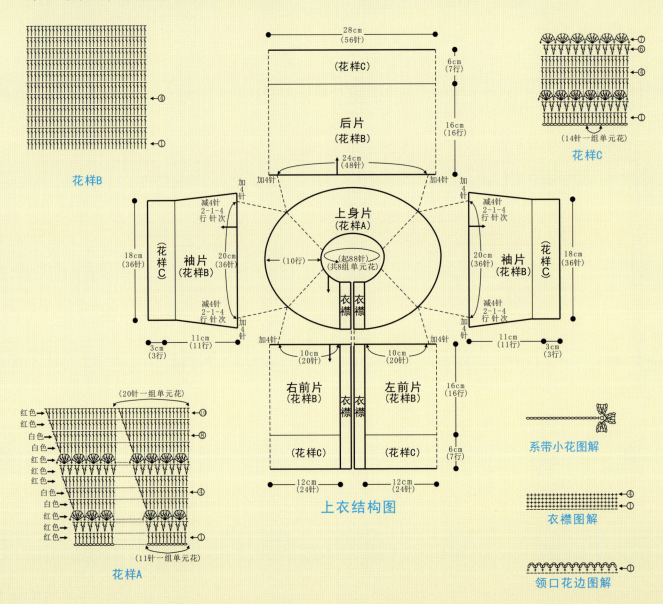

33、34
宝蓝色帽子、鞋子

35
宝蓝色哈衣

宝宝尚未出生，妈妈就开始给他准备各种各样的小衣物，这套显然是不可错过的。彩虹般的颜色能吸引宝宝的眼球，当他开始学会爬的时候，搭配上一件连体的哈衣是必不可少的。宽大的衣型不会束缚宝宝的行动，同时又可以保证不会轻易地脱落。

0~12个月

背面

0~12个月

065

33 宝蓝色帽子

【成品尺寸】长 14cm　帽围 38cm
【工　　具】13 号棒针
【材　　料】湖绿色中粗棉线 90g　黄色、红色中粗棉线各 20g
【编织密度】棒针 10cm^2：26.8 针 ×52.8 行
【编织方法】
湖绿色线起 102 针，从帽沿往顶部环形编织，按帽身单元织片图解编织，织至 54 行，将织片均分成 6 部分，每部分 17 针，按帽身单元织片图解方法减针，织至 14cm 后，余下 12 针，用线尾穿起收紧。

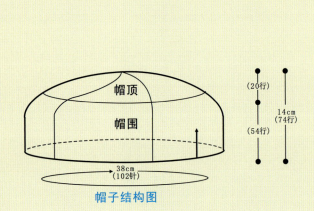

帽顶

帽围

(20行)

14cm
(74行)

(54行)

38cm
(102针)

帽子结构图

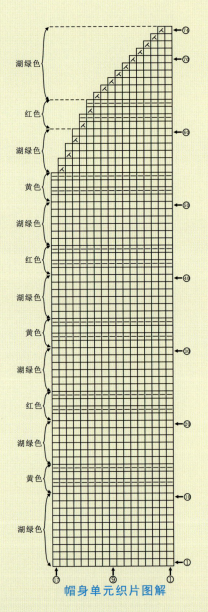

湖绿色

红色

湖绿色

黄色

湖绿色

红色

湖绿色

黄色

湖绿色

红色

湖绿色

黄色

湖绿色

帽身单元织片图解

34 鞋子

【成品尺寸】长11cm 宽5cm
【工　具】13号棒针 4cm绒球绕线器
【材　料】双股湖绿色中粗棉线90g 双股黄色、红色中粗棉线各10g
【编织密度】棒针10cm²：26.8针×52.8行
【编织方法】
1. 鞋身：鞋身横向编织，从侧边起织，湖绿色线起36针，织搓板针，织13.5cm后，鞋身后跟部分编织完成，左侧鞋筒18针收针，右侧鞋身18针改为4行红色上针与4行湖绿色下针交替编织，织8.5cm后，与起针边沿对应缝合。将鞋尖部分的两侧用线收拢成束。
2. 系带：湖绿色线按系带图解钩织长约30cm系带，穿入鞋帮。
5. 绒球：利用绒球绕线器，制作2个绒球，分别缝合于鞋头顶部。

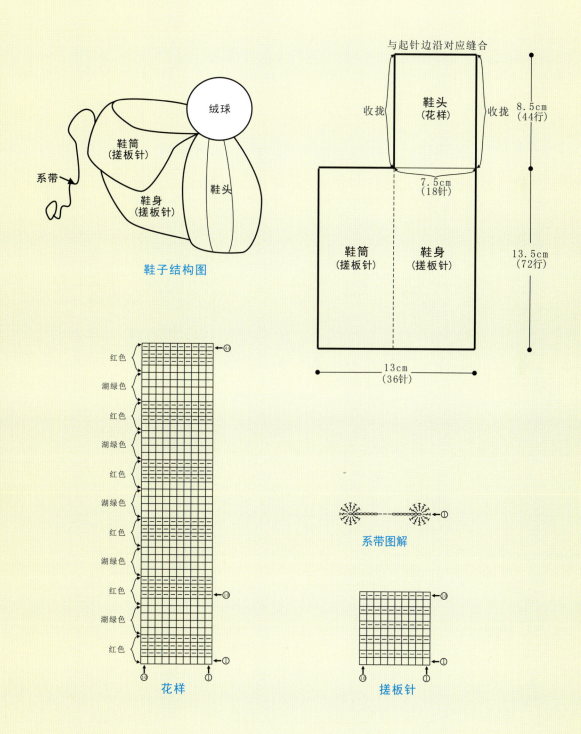

鞋子结构图

系带图解

花样

搓板针

35 宝蓝色哈衣

【成品尺寸】长 72cm　胸围 72cm　肩宽 29cm　袖长 13cm
【工　　具】13 号棒针　2mm 钩针
【材　　料】湖绿色中细棉线 300g　蓝色中细棉线 100g　黄色、红色棉线各 30g　绿色、白色棉线各少许
【编织密度】棒针 10cm² : 34.4 针 ×38.6 行
【附　　件】纽扣 5 颗
【编织方法】
1. 连体衣从裤筒往上编织，左片与右片分别编织，完成后后背缝合，前襟钉纽扣。
2. 左片：黄色线起 76 针，环织 8 行单罗纹，改为湖绿色线织下针，裤筒侧缝两侧按每 4 行加 1 针加 15 次，每 6 行加 1 针加 9 次的方法加针，织 29.5cm，织片变成 124 针，织片左侧平收 3 针，不加减针往上织 100 行，将织片分成左前片和左后片分别编织。左后片取 62 针，左侧平收 4 针后，按每 2 行减 1 针减 8 次的方法袖窿减针，织 14.5cm，右侧后领平收 20 针，然后按每 2 行减 1 针减 2 次的方法减针，织至 72cm 的总高度，肩部余下 28 针，收针断线。左前片取 59 针，右侧平收 4 针后，按每 2 行减 1 针减 8 次的方法袖窿减针，织 14 行，左侧前领每 2 行减 1 针减 19 次的方法减针，织至 72cm 的总高度，肩部余下 28 针，收针断线。
3. 右片：黄色线起 76 针，环织 8 行单罗纹，改为 4 行蓝色 6 行湖绿色线重复编织，编织方法与左片相同，方向相反。
4. 袖片：黄色线起 56 针织单罗纹，织 10 行后，改织下针，左袖片红色线编织，右袖片 4 行蓝色 6 行湖绿色线重复编织，两侧按每 2 行加 1 针加 18 次的方法加针，织 9cm，两侧各平收 4 针，然后按每 2 行减 4 针减 2 次的方法减针，织至 13cm，余下 68 针。
5. 黄色线沿领口及前襟挑起 320 针，织单罗纹，织 8 行后收针，将衣襟下端与衣身重叠缝合。注意前襟均匀留起 5 个扣眼。
6. 钩针按饰花图解钩织饰花，完成后缝合于上衣左前胸。

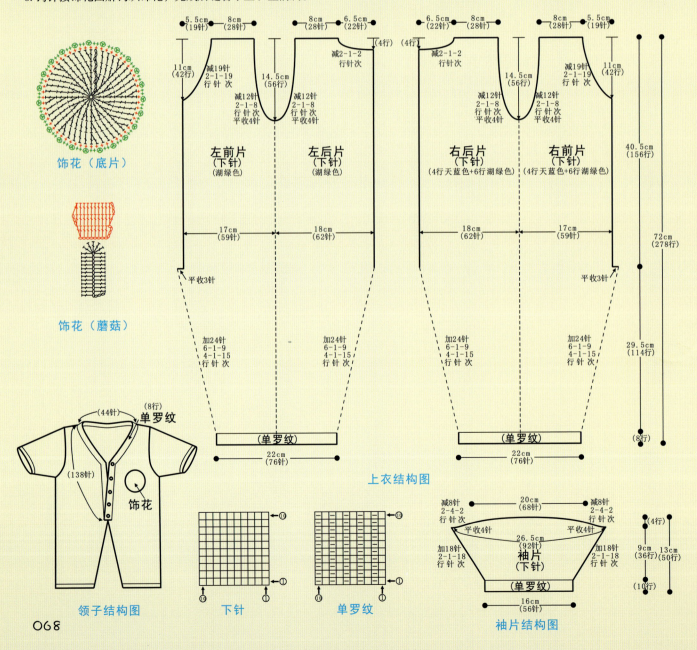

饰花（底片）

饰花（蘑菇）

领子结构图

上衣结构图

下针　单罗纹

袖片结构图

36、37
红色小帽、白鞋子

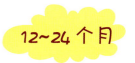

12~24个月

38、39
红色甜美公主服

圆圆的荷叶大翻领，上边挑了朵朵小花，裙式的下摆优雅地展开，穿着
更加舒适自如，上衣可以单独当裙子穿，天气微冷的时候，同色系的毛
线裤子可以更好地保暖，搭配上小小的鞋子和小帽子，甜美气息无敌。

12~24个月

36 红色小帽

【成品尺寸】长 17cm 帽围 42cm
【工　　具】2mm 钩针
【材　　料】双股红色中细棉线 100g 白色棉线 50g 单股绿色棉线 5g
【编织密度】钩针 $10cm^2$: 21 针 × 11.8 行
【编织方法】
1. 帽顶：红色线打圈起钩，第 1 圈 16 针，第 2 圈 32 针，第 3 圈 48 针，第 4~8 圈每圈均匀加 8 针，第 9 圈起开始钩帽围。
2. 帽围：钩 88 针，不加减针钩 6 圈后，改用绿色线钩 1 圈短针，然后改用白色线钩 4 行长针，最后绿色线钩 1 行短针收边。
3. 绿色线钩 3 朵小花，红色线钩 3 朵小花，缝合于帽围侧。

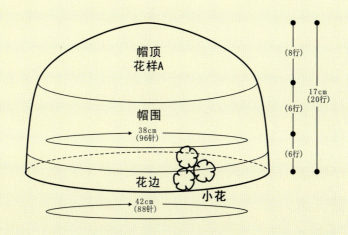

帽子结构图

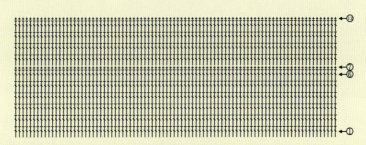

帽围花样图解

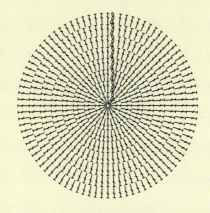

帽顶花样图解

37 白鞋子

【成品尺寸】 长 11cm　宽 6cm
【工　　具】 2mm 钩针
【材　　料】 白色中细棉线 80g　绿色棉线 10g　红色棉线 5g
【编织密度】 钩针 $10cm^2$：26.8 针 ×14.5 行
【编织方法】

1. 鞋底：起 17 针锁针起钩，返回钩 1 圈长针，依照鞋子图解的顺序去钩织，鞋底钩 3 圈长针，然后开始钩织鞋身侧面。
2. 鞋身：侧面钩 2 圈长针，然后鞋身两侧及后跟继续钩 3 行长针，鞋头部分钩 2 针并 1 针的长针。共钩 5 行，接着不加减针钩 3 行长针作为鞋筒，最后钩 1 行短针锁边，鞋身编织完成。
3. 系带：白色线按系带小花图解钩织两条系带，穿入鞋筒。
4. 小花：绿色线钩 6 朵小花 C，红色线钩 6 朵小花 D，分别缝合于鞋面。

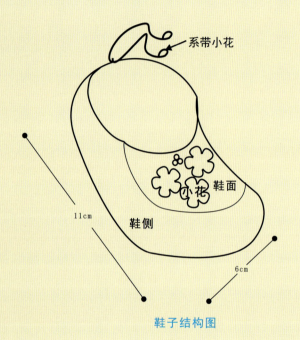

系带小花

鞋面

小花

鞋侧

11cm

6cm

鞋子结构图

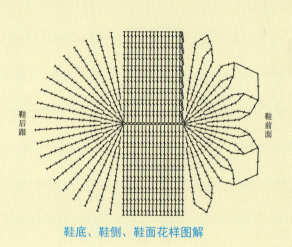

鞋后跟

鞋前面

鞋底、鞋侧、鞋面花样图解

鞋筒花样图解

系带小花图解

小花D

小花C

38 红色甜美公主服（上装）

【成品尺寸】长 42cm　胸围 56cm　肩连袖长 28cm
【工　　具】2mm 钩针
【材　　料】红色中细棉线 250g　白色棉线 100g　绿色棉线 20g
【编织密度】钩针 10cm² : 26.8 针 × 14.5 行
【编织方法】
1. 衣身前片：红色线起 70 针辫子针，从袖窿底部往上往返钩织花样 A，两侧按图解所示各减掉 5 针袖窿，钩至 12 行，中间留起 20 针前领，两侧每行 1 行减 2 针减 3 次，每 1 行减 1 针减 3 次的方法减针，钩至 20 行，肩膀余下 11 针，前片完成。
2. 衣身后片：红色线起 70 针辫子针，从袖窿底部往上往返钩织花样 A，两侧按图解所示各减掉 5 针袖窿，钩至 7 行，将织片均分成左右两片分别钩织，右片钩 32 针，不加减针钩 5 行，然后左侧平收 12 针，余下按每 1 行减 2 针减 3 次，每 1 行减 1 针减 3 次的方法减针，钩至 20 行，肩膀余下 11 针，右后片完成。左后片 28 针，后襟重叠挑起 4 针，共 32 针，不加减针钩 5 行，然后右侧平收 12 针，余下按每 1 行减 2 针减 3 次，每 1 行减 1 针减 3 次的方法减针，钩至 20 行，肩膀余下 11 针，左后片完成。
3. 下摆片：红色线沿上衣底边往下环形钩织，左右袖窿各加起 5 针，共 150 针起钩花样 B，钩 5 行后，改钩花样 A，每行分散均匀加 8 针，共加 24 次，织片变成 342 针，第 31 行改用绿色线钩短针，第 32 行起改用白色线钩 9 行花样 A，最后用绿色线钩 1 行短针收边。
4. 袖片：白色线起 56 针辫子针环形钩织花样 C，钩 4 行，第 5 行用绿色线钩 1 圈短针。红色线沿花样 C 的第 3 行顶部起钩袖片，钩花样 A，袖底缝两侧按每 3 行加 1 针加 8 次的方法加针，钩 16cm，织片变成 72 针，袖底平收 9 针，往返钩织花样 A，两侧按每 1 行减 4 针减 1 次，每 1 行减 2 针减 8 次的方法减针，钩 9 行，余下 31 针。将袖片对应上衣袖窿缝合。
5. 领子：白色线沿领口起钩 108 针，钩花样 A，每行分散均匀加 8 针，共加 8 次，织片变成 172 针，第 10 行改用绿色线钩 1 行短针。
6. 绿色线钩 9 朵小花 C，红色线钩 9 朵小花 D，分别缝合于裙摆和领片。

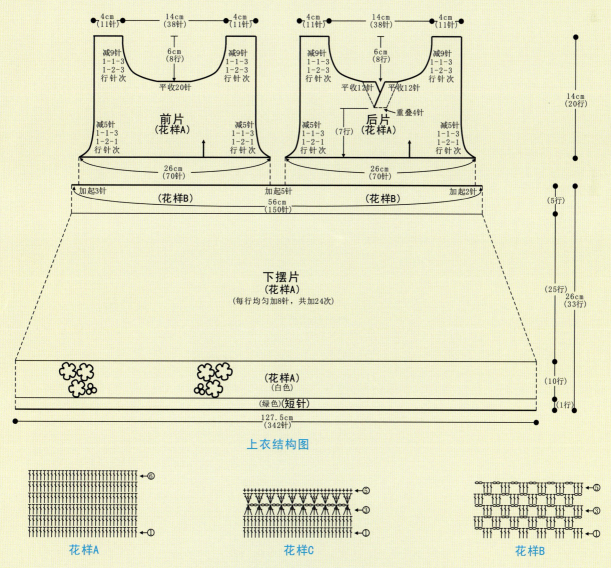

上衣结构图

花样A　　　　花样C　　　　花样B

073

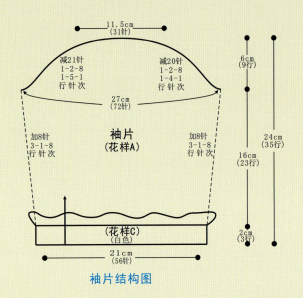

11.5cm
(31针)

减21针　　　　减20针
1-2-8　　　　1-2-8
1-5-1　　　　1-4-1
行针次　　　　行针次

27cm
(72针)

袖片
(花样A)

加8针　　　　加8针
3-1-8　　　　3-1-8
行针次　　　　行针次

6cm
(9行)

24cm
(35行)

16cm
(23行)

(花样C)
(白色)

2cm
(3行)

21cm
(56针)

袖片结构图

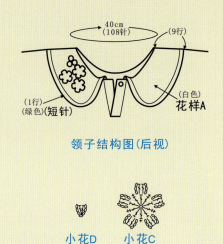

40cm
(108针)

(9行)

(1行)
(绿色)(短针)

(白色)

花样A

领子结构图(后视)

小花D　　小花C

---

39 红色甜美公主服(下装)

【成品尺寸】长 50cm　腰围 42cm

【工　　具】2mm 钩针　13 号棒针

【材　　料】红色中细棉线 200g　白色棉线 20g　绿色棉线少许

【编织密度】棒针 10cm^2：26.8 针 × 14.5 行

【附　　件】44cm 长松紧带 1 条

【编织方法】

1. 钩针白色线起 64 针辫子针环形钩织花样 C，钩 4 行，第 5 行用绿色线钩 1 圈短针。红色线沿花样 C 的第 3 行顶部起钩裤筒，钩花样 A，钩 19 行后，裤筒缝两侧按每 2 行加 1 针加 7 次的方法加针，钩 14 行，裤筒变成 78 针，同样的方法钩织另一裤筒。

2. 左右裤筒织片侧缝处分别留起 6 针，将其余针数连起来钩织裤身，共 144 针钩织花样 A，不加减针钩 31 行。

3. 棒针红色线沿裤腰挑起 144 针，织 6 行下针后，织 1 行狗牙针，然后再织 7 行下针，与起针合并成双层，中间穿入松紧带。

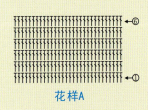

花样A

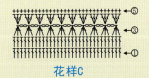

花样C

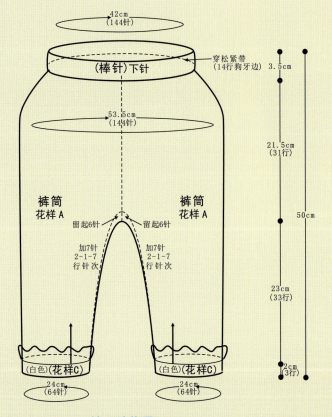

42cm
(144针)

(棒针)下针

穿松紧带
(14行狗牙边)

3.5cm

53.5cm
(144针)

21.5cm
(31行)

裤筒
花样 A

裤筒
花样 A

50cm

留起6针　　留起6针

加7针　　　加7针
2-1-7　　　2-1-7
行针次　　　行针次

23cm
(33行)

2cm
(3行)

(白色)(花样C)　　(白色)(花样C)

24cm
(64针)　　　24cm
(64针)

裤子结构图

40
红色小花朵帽子

那一抹艳红，是喜庆，是热烈，是充满活力的颜色，红得那么迷人。这样充满生命力的颜色，作为宝宝衣物的主色调是再合适不过了。精心设计的帽子，076页的衣服也以大红色为底色调，白色波浪纹让它变得生动活泼起来，小花的点缀让它更加甜美。

12~24个月

41、42
大红色小花套装

12~24个月

076

40 红色小花朵帽子

【成品尺寸】长 15cm　帽围 38cm
【工　　具】2mm 钩针
【材　　料】红色中细棉线 70g　白色棉线 20g　粉色、绿色棉线各少许
【编织密度】钩针 10cm²：25 针 ×12 行
【附　　件】瓢虫纽扣 1 颗
【编织方法】
1. 帽顶：红色线打圈起钩，第 1 圈 16 针，第 2 圈 32 针，第 3 圈 48 针，第 4~7 圈每圈均匀加 8 针，第 10 圈起开始钩帽围。
2. 帽围：钩 96 针，不加减针钩 7 圈后，开始钩花边。
3. 花边：红色线与白色线交替钩织，共钩 5 圈。
4. 按小花图解，粉色线钩织 1 朵小花，绿色线钩织 2 片叶子，缝合于帽围侧。

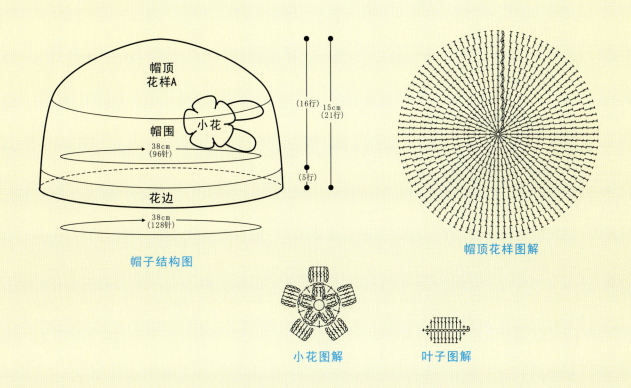

帽子结构图

帽顶花样图解

小花图解　　　叶子图解

花边图解

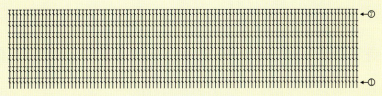

帽围花样图解

【成品尺寸】长 33cm　胸围 56cm　肩宽 21cm　袖长 24cm

【工　　具】2mm 钩针

【材　　料】红色中细棉线 300g　白色棉线 50g

【编织密度】钩针 $10cm^2$: 25 针 × 12 行

【附　　件】纽扣 3 颗　饰花 2 片

【编织方法】

1. 衣身红色线起 134 针辫子针，从腰部往上往返钩织花样 A，钩 3 行后，按图解所示分出 8 针袖窿，后片 62 针，两侧按图解所示各减掉 8 针袖窿，钩至 19 行，中间留起 28 针后领，两侧肩膀各 13 针，再钩 1 行，后片完成。

2. 左右前片钩织方向相反，以左前片为例，右侧按图解所示减掉 8 针袖窿，钩至 12 行，左侧按图解所示前领减针，钩至 20 行，余下 13 针，与后片肩膀对应缝合。

3. 前襟片：红色线沿左右前片衣襟边分别挑起 25 针，钩花样 A，钩 3 行。注意左片均匀留起 3 个纽扣孔。

4. 袖片：红色线起 25 针辫子针，往返钩织花样 A，两侧按每 1 行减 8 针减 2 次，每 1 行减 7 针减 1 次的方法减针，钩至 4 行，织片变成 71 针，改环形钩织，袖底两侧按每 4 行减 1 针减 4 次的方法减针，钩至 25 行，改用白色线环形钩织 9 组花样 B，钩 4 行，袖片完成。将袖片对应上衣袖窿缝合。

5. 下摆片：红色线从腰部往下环形钩织花样 B，7 针 1 组单元花，共 20 组单元花，其中第 14、17、20 行用白色线钩织，共钩 20 行，下摆片最后变成 420 针。

6. 领子：白色线沿领口起钩，每 2 针钩 1 组鱼网针，如花样 C 所示，共钩 34 组，钩 9 行后，改用红色线和白色线交替钩花边，围绕领片钩 4 圈，方法如花样 D 所示。

7. 用滴胶将饰花贴合在上衣胸前，缝好纽扣。

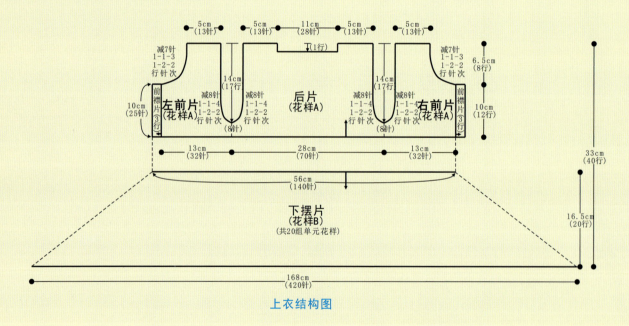

上衣结构图

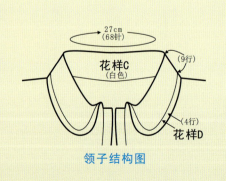

领子结构图

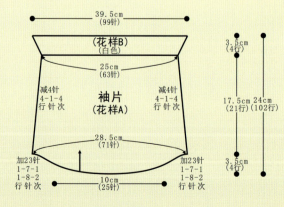

袖片结构图

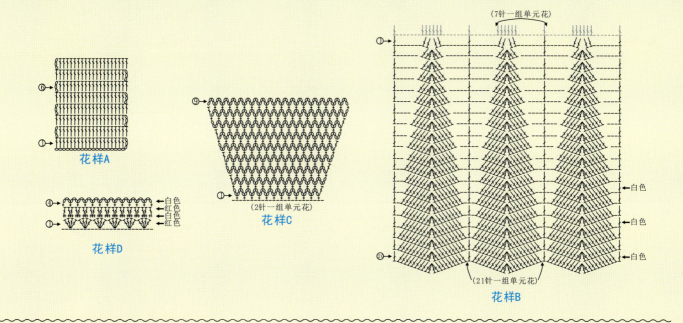

（7针一组单元花）

花样A

花样C
（2针一组单元花）

花样D
白色
红色
白色
红色

白色
白色
白色

花样B
（21针一组单元花）

42 大红色小花套装（下装）

【成品尺寸】长 49cm　腰围 40cm
【工　　具】2mm 钩针　13 号棒针
【材　　料】红色中细棉线 300g
【编织密度】钩针 $10cm^2$: 25 针 × 12 行
【附　　件】42cm 长松紧带 1 条　粉色饰花 4 朵
【编织方法】
1. 棒针红色线起 144 针，织 6 行下针后，织 1 行狗牙针，然后再织 7 行下针，与起针合并成双层，中间穿入松紧带。
2. 沿裤腰边沿起 144 针往下环形钩织花样 A，钩 23 圈后，将织片均分成左右裤筒分别钩织。
3. 右裤筒共 72 针，裤裆加起 6 针，继续环形钩织花样 A，每 2 行在裤筒侧缝两侧各减 1 针，共减掉 18 针，余下 60 针继续织至 19cm，改钩花样 B，1 圈白色线 2 圈红色线交替钩织，裤筒共钩 32 圈。
4. 左裤筒余下 72 针，与裤裆加起的 6 针，共 78 针，环形钩织，方法与右裤筒一样。
5. 在裤筒前面缝合 4 朵饰花。

花样A

花样B
（15针一组单元花）
白色
白色
白色
（23针一组单元花）

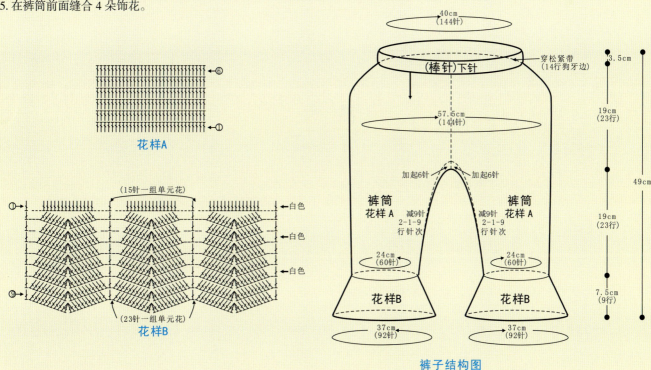

40cm
（144针）

（棒针）下针
穿松紧带
（14行狗牙边）
3.5cm

57.5cm
（144针）

加起6针　加起6针

裤筒
花样A
减9针
2-1-9
行针次

裤筒
花样A
减9针
2-1-9
行针次

24cm
（60针）

24cm
（60针）

19cm
（23行）

49cm

19cm
（23行）

花样B

花样B

7.5cm
（9行）

37cm
（92针）

37cm
（92针）

裤子结构图

43
镂空连衣裙

镂空的连衣裙，飘逸的缎带带着一丝丝法式风情的浪漫，宽大的公主袖给宝宝的小手足够的空间，可以自由伸展，领口的小花悄悄地绽放它的美丽，连每一道花功都美轮美央。

12~24个月

43 镂空连衣裙

【成品尺寸】长 38cm　胸围 62cm　肩宽 26cm　袖长 9cm
【工　　具】2mm 钩针
【材　　料】黄色中细棉线 250g
【编织密度】钩针 10cm² : 33 针 × 10 行
【附　　件】1m 长粉色丝带 2 条　白色小珍珠 2 颗　纽扣 2 颗
【编织方法】

1. 起 72 针辫子针，从领口往下往返钩织。
2. 按上衣花样图解上身片的钩织方法，钩织 9 行长针，然后分别钩织下摆片和袖片。
3. 在上身片的前襟，横向钩 23 针长针，往返钩 2 行，作为前襟片。左片留 2 个纽扣孔，下边沿缝合。
4. 按上衣花样图解下摆片的钩织方法，前、后片各钩 60 针，往返钩 2 行后，两侧袖底各加 8 针，连接起来环形钩织，下摆片共钩 22 行，最后钩 1 圈花边。
5. 按上衣花样图解袖片的钩织方法，左、右各钩 60 针，环形钩织，钩 6 行扇形花后，钩短针，每 1 行均匀减掉 6 针，钩 5 行后余下 42 针，最后钩 1 圈花边。
6. 沿领口钩织 1 圈花边。
7. 按小花图解钩织 2 朵小花，与小珍珠缝合于上衣前襟。在上衣胸围及衣领处穿入丝带。

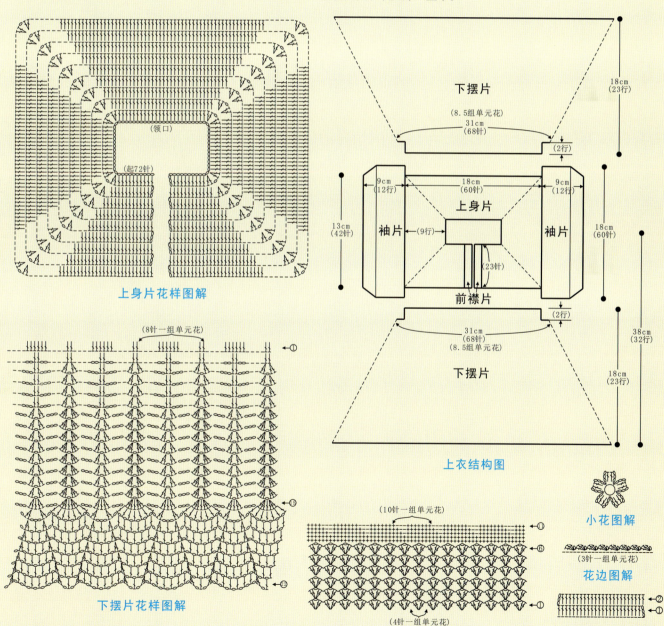

上身片花样图解

下摆片花样图解

下摆片
(8.5组单元花)
31cm
(68针)
(2行)

9cm
(12行)

18cm
(60针)
上身片

9cm
(12行)

13cm
(42针)

袖片　(9行)

袖片

18cm
(60针)

(23针)

前襟片

31cm
(68针)
(8.5组单元花)
(2行)

下摆片

18cm
(23行)

18cm
(23行)

38cm
(32行)

上衣结构图

小花图解

(3针一组单元花)
花边图解

(10针一组单元花)

(4针一组单元花)
袖片花样图解

前襟片花样图解

绿色小花套裙

精心设计的花纹让小外套很有质感, 苍翠欲滴的绿色,
上面点缀着小小的白色落花, 就像在春暖花开的日子
里闻到花香. 这样一身裙装, 完全没有了世俗味儿.

12~24 个月

45
清新背心裙

12~24 个月

083

44　绿色小花套裙

【成品尺寸】长 25cm　胸围 58cm　肩宽 25cm　袖长 21cm
【工　　具】2mm 钩针
【材　　料】绿色中细棉线 200g
【编织密度】钩针 $10cm^2$：24.8 针 ×16 行
【附　　件】白色饰花 2 片
【编织方法】
1. 衣身起 126 针辫子针，从衣摆往上往返钩织花样 A，按前摆加针方法，在衣摆左右两侧加针，钩 4 行后，织片变成 144 针，钩至 12.5cm，按图解所示分出 8 针袖窿，后片 64 针继续钩 19 行，中间留起 28 针后领，两侧肩膀各 18 针，再钩 1 行，后片完成。
2. 左右前片钩织方向相反，以左前片为例，领口侧先钩 18 针花样 B，余下 14 针钩花样 A，领口侧一边钩一边按前领减针方法减针，钩 12.5cm 后，余下 18 针，与后片肩膀对应缝合。
3. 袖片起 63 针辫子针，往返钩织花样 A，钩 6 行后，两侧按每 2 行减 1 针减 9 次的方法减针，钩至 21cm，不再加减针，钩至 32 行，按花边图解钩 3 行花边。将袖底缝合，再将袖片对应上衣袖窿缝合。
4. 按花边图解，沿上衣领口、前襟及下摆钩 1 组花边，共 3 行。
5. 按系带小花图解钩织 2 朵小花，缝合于上衣前襟。

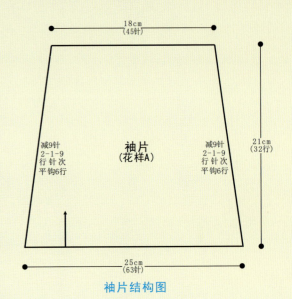

袖片结构图

花边图解

系带小花图解

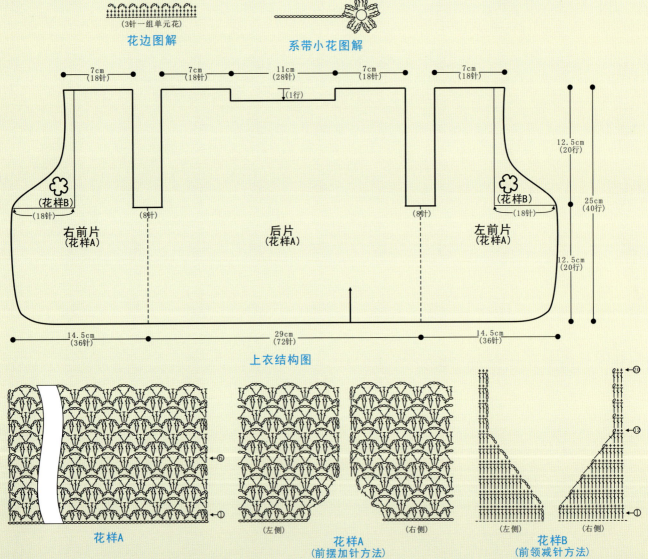

上衣结构图

花样A

花样A
(前摆加针方法)

花样B
(前领减针方法)

45 清新背心裙

【成品尺寸】长44cm　胸围54cm
【工　　具】13号棒针　2mm钩针
【材　　料】绿色中细棉线200g　白色中细棉线50g
【编织密度】棒针10cm² : 26.6针×37.7行
【附　　件】纽扣4颗　白色饰花12片
【编织方法】
1. 裙子绿色线起288针，从裙摆往上环形编织下针，织2.5cm，改织花样C，织至3cm，改织下针，将裙摆均分成18部分，每部分按每12行减1针减8次的方法均匀减针，织至23.5cm，余下144针，左右两侧袖窿各平收10，余下124针，分别编织前片和后片。
2. 前片白色线起织，两侧按每2行减1针减3次的方法袖窿减针，织8cm，中间平收36针，两侧各余下10针继续织12.5cm后，收针断线。
3. 后片白色线起织，两侧按每2行减1针减3次的方法袖窿减针，织8cm，中间平收36针，两侧各余下10针继续织7cm后，中间留起4针的扣眼，织至11cm，收针断线。
4. 绿色线按花边图解，沿裙子下摆钩1组花边，共3行。绿色线沿领口及袖窿钩1圈短针锁边。
5. 绿色线以平针绣方式，在裙子白色部分均匀绣点，每6针5行绣一个点。

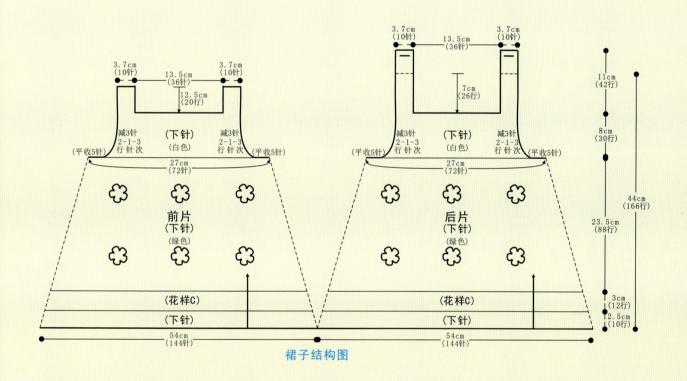

裙子结构图

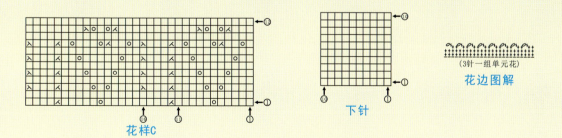

花样C　　　下针　　　花边图解

宝宝需要的不仅仅是妈妈的关心，还需要衣物给他带去的温暖。短袖外套可以很好地保暖，短袖的设计又不会让孩子太热。

12~24个月

46 纯白色系带上衣

【成品尺寸】长 42cm　胸围 74cm　连肩袖长 25cm
【工　　具】13 号棒针　绣花针
【材　　料】白色羊毛绒线 400g
【编织密度】棒针 $10cm^2$: 20 针 ×28 行
【附　　件】纽扣 3 颗
【编织方法】
1. 从领圈往下编织，用一般起针法起 50 针，每行加 6 针，加至 92 针，作为领子，然后按花样 D 加针，织织 18cm 时，开始分前后片和袖片，按编织方向，前片分左右 2 片编织，和后片织至 18cm 全下针，留 6 针作为织单罗纹的门襟，然后改织 3cm 花样 A 和花样 B，作为衣脚。袖片挑 62 针，先织 5cm 全下针后改织 2cm 花样 C。
2. 装饰：缝上纽扣。

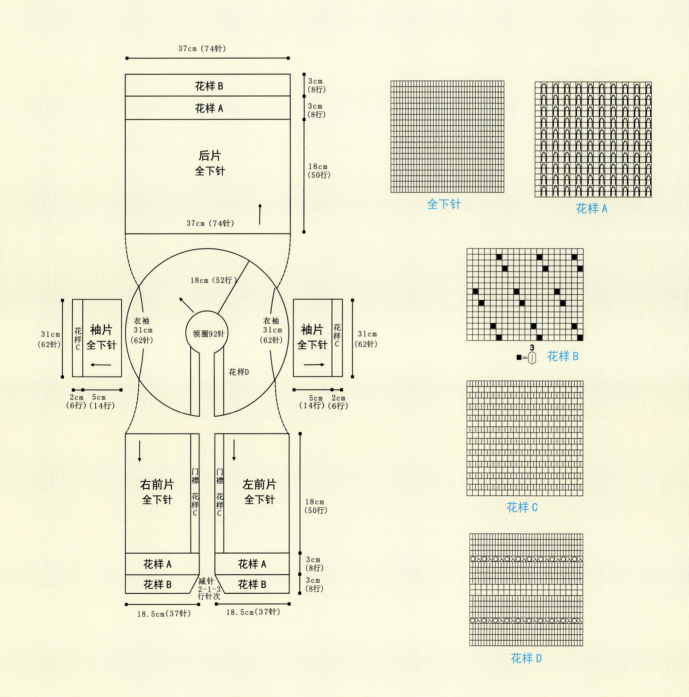

12~24个月

47 卡通上衣

【成品尺寸】长42cm　胸围74cm　连肩袖长40cm
【工　　具】3.5mm棒针　绣花针
【材　　料】白色羊毛绒线400g
【编织密度】棒针$10cm^2$：20针×28行
【附　　件】纽扣4颗　装饰物1个
【编织方法】
1. 上衣是从领圈往下编织，用一般起针法起50针，每行加6针，加至92针，作为领子，然后按花样A加针，织至18cm时，开始分前后片和袖片，按编织方向，前片分左右两片编织，和后片织至21cm的花样B后，改织3cm花样C，留6针作为织花样C的门襟，袖挑62针，织2cm双罗纹。
2. 装饰：缝上纽扣和装饰物。

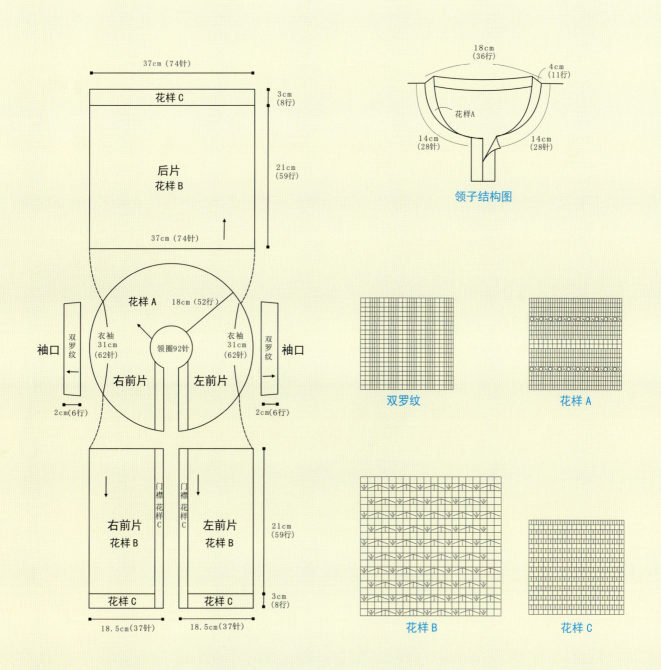

领子结构图

双罗纹　　花样A

花样B　　花样C

48
白色梦幻软底鞋

49
褐色系带鞋

12~24个月

48 白色梦幻软底鞋

【成品尺寸】长 11cm 宽 5.5cm
【工　　具】2.5mm 钩针
【材　　料】白色线 80g
【编织密度】钩针 10cm² : 22.6 针 ×11 行
【附　　件】塑料珠子 8 颗　蕾丝 2 段
【编织方法】
按照鞋子的结构从鞋子的鞋底起针，接着围绕鞋底钩鞋面连鞋后跟，在每个鞋面上装饰 4 颗白色珠子和蕾丝带，具体钩法参照下图。

结构图

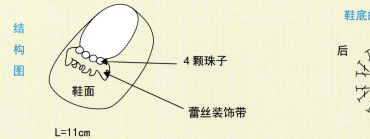

4 颗珠子

鞋面

蕾丝装饰带

L=11cm

鞋底的钩法：

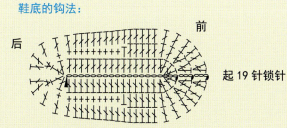

后　　　前

起 19 针锁针

鞋面连鞋后跟的钩法：（先围绕鞋底 1 圈钩 4 行长针，钩法如下）

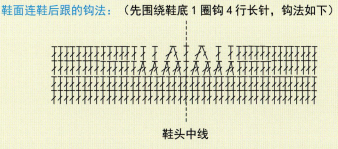

鞋头中线

---

49 褐色系带鞋

【成品尺寸】长 11cm 宽 5.5cm
【工　　具】2.5mm 钩针
【材　　料】褐色线 80g　白色线 80g
【编织密度】钩针 10cm² : 22.6 针 ×11 行
【附　　件】纽扣 2 颗
【编织方法】
按照鞋子的结构从鞋子的鞋底起针，接着围绕鞋底钩鞋面，再钩鞋后跟和鞋带，最后钉 2 颗纽扣在鞋带上，具体钩法参照下图。

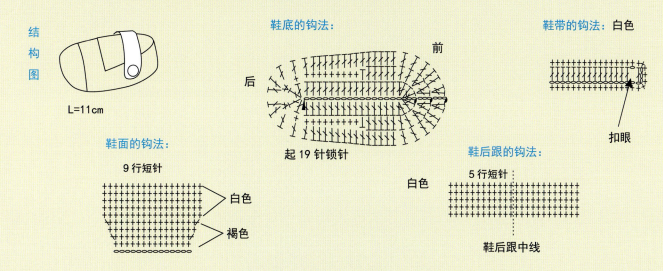

结构图

L=11cm

鞋底的钩法：

后　　　前

起 19 针锁针

鞋带的钩法：白色

扣眼

鞋面的钩法：

9 行短针

白色

褐色

鞋后跟的钩法：

5 行短针

白色

鞋后跟中线

50、51
粉色小花套裙

粉粉的颜色犹如婴儿的肌肤般，给人一种美好的感觉。
浅浅的蓝白色小花点缀在袖口、衣边，自然质朴，搭
配上同色系的帽子和小鞋子，让宝宝穿着更加美丽。

12~24个月

52、53
粉色帽子、鞋子

12~24个月

50 粉色小花套裙（上装）

【成品尺寸】长27cm　胸围56cm　肩宽22.5cm　袖长24cm
【工　　具】13号棒针　2mm钩针
【材　　料】粉色中细棉线250g　白色棉线20g　蓝色棉线10g
【编织密度】棒针10cm²：30针×42.2行
【附　　件】白色纽扣4颗
【编织方法】

1. 上衣粉色线起168针，从衣摆往上往返编织花样，织14cm，将织片分成左前片、后片和右前片分别编织。先织后片84针，起织时两侧各平收4针，然后按每2行减1针减4次的方法袖窿减针，织至110行，中间后领平收24针，两侧按每2行减1针减2次的方法减针，织至27cm，两肩部各余下20针，收针断线。

2. 右前片42针织花样，起织时左侧平收4针，然后按每2行减1针减4次的方法袖窿减针，织22行，右侧平收4针，然后按每2行减2针减2次，每2行减1针减6次的方法前领减针，织至27cm的总高度，肩部余下20针，收针断线。同样方法相反方向织左前片。

3. 袖片粉色线起36针织花样，两侧按每2行加2针加4次，每2行加1针加10次的方法袖山加针，织6.5cm，两侧各平加4针，然后按每6行减1针减11次的方法减针织袖筒，织至24cm，余下50针，收针断线。

4. 领子粉色线沿上衣后领挑起36针织下针，两侧一边织一边按每2行加4针加7次的方法挑加针，共织14行，领圈挑完，第15行起两侧按每2行加1针加6次的方法加针，然后平织4行后，按每2行减1针减2次的方法减针，共织34行，收针断线。

5. 按花边图解，沿上衣下摆、前襟及领边沿钩1组花边，共3行。沿袖口钩1圈花边。

6. 用蓝色及白色线按图案所示在衣摆、袖口及领尖绣花。

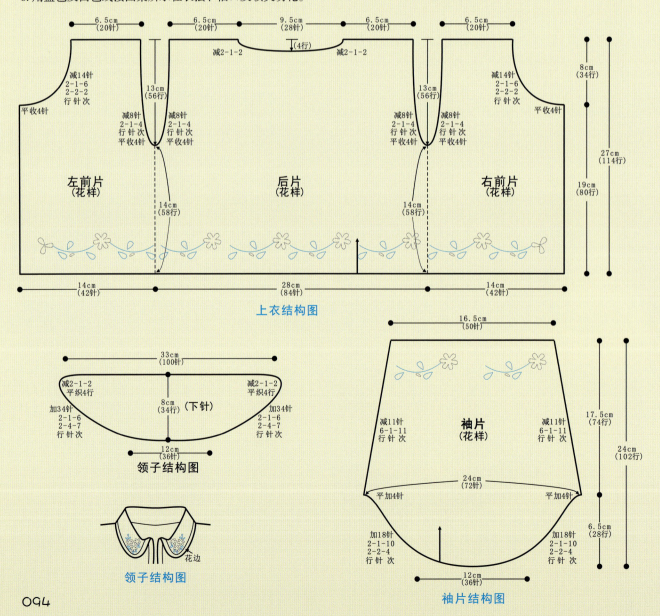

上衣结构图

领子结构图

领子结构图

袖片结构图

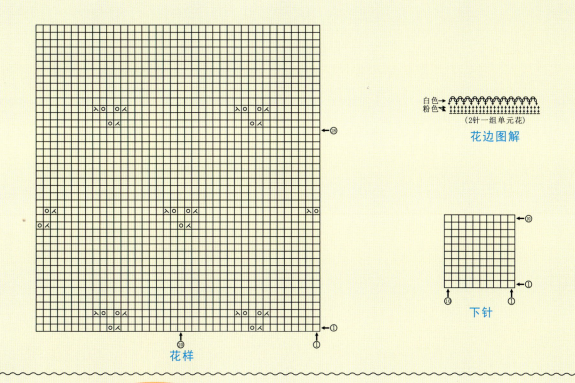

白色→
粉色→
（2针一组单元花）

花边图解

下针

花样

51 粉色小花套裙（下装）

【成品尺寸】长 29cm　腰围 46cm
【工　　具】13 号棒针　2mm 钩针
【材　　料】粉色中细棉线 200g　白色棉线 20g　蓝色棉线 10g
【编织密度】棒针 10cm^2：30 针 ×42.2 行
【附　　件】48cm 长松紧带 1 条
【编织方法】
1. 用粉色线起 240 针，从裙腰往下环形编织下针，织 8 行后，织 1 行狗牙针，再织 8 行下针，第 16 行与起针边沿合并成双层，继续织 38 行下针，然后改织花样，织 18cm 后，收针断线。
2. 按花边图解，沿裙摆边沿钩 1 组花边，共 3 行。
3. 蓝色及白色线按图案所示在裙摆绣花。裙腰穿入松紧带，缝合。
4. 按系带小花图解钩织 1 条长约 1m 的系带，穿入裙腰双层边。

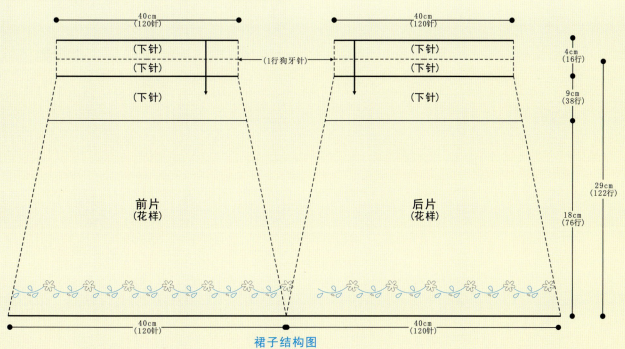

裙子结构图

花边图解

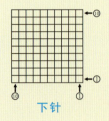
系带小花图解

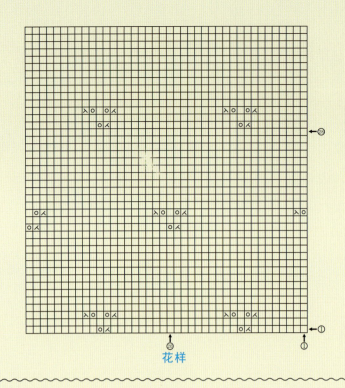
花样

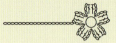
下针

52 粉色帽子

【成品尺寸】长 17cm 帽围 36cm
【工　　具】13 号棒针 2mm 钩针 4mm 绒球绕线器
【材　　料】粉色中细棉线 90g 白色棉线 5g
【编织密度】棒针 $10cm^2$：30 针 × 42.2 行
【编织方法】
1. 帽子粉色线起 108 针，从帽檐往顶部环形编织单罗纹，织 16 行后，改织下针，将织片均分成 6 部分，每部分 18 针，按帽身单元织片图解方法加减针，织 72 行后，余下 12 针，用线尾连起收紧。
2. 利用绒球绕线器，粉色线制作一个绒球，缝合于帽子顶部。
3. 按小花图解钩织 1 朵小花，上层用粉色线钩织，下层用白色线钩织，完成后缝合于帽侧。

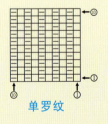
单罗纹

小花

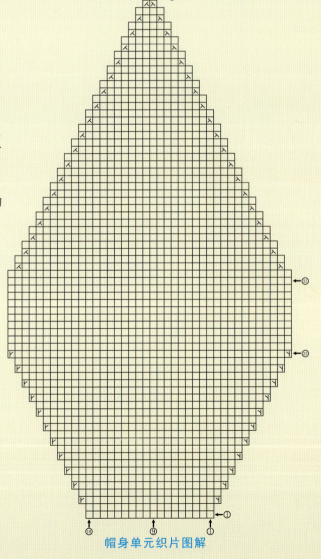
帽身单元织片图解

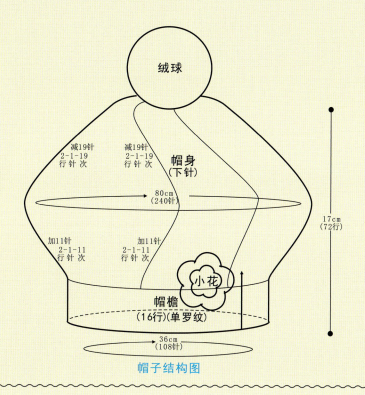

绒球

减19针
2-1-19
行 针 次

减19针
2-1-19
行 针 次

帽身
(下针)

80cm
(240针)

加11针
2-1-11
行 针 次

加11针
2-1-11
行 针 次

小花

帽檐
(16行)(单罗纹)

17cm
(72行)

36cm
(108针)

帽子结构图

53 鞋子

【成品尺寸】长 11cm　鞋高 15cm
【工　　具】13 号棒针　2mm 钩针
【材　　料】双股粉色中细棉线 100g　双股白色棉线 50g　双股咖啡色中细棉线 50g
【编织密度】棒针 10cm²：33.6 针 ×37.2 行
【编织方法】
1. 鞋底用咖啡色线起 25 针织搓板针，两侧按鞋底织片图解加减针，织 24 行后，收针断线。
2. 粉色线沿鞋底周围挑针织鞋身，挑起 74 针，环织搓板针，鞋头 12 针不加减针，鞋头两侧按每 2 行减 1 针减 13 次的方法减针，织 30 行后，改为白色线不加减针织鞋筒，织 24 行后，收针断线。
3. 粉色线沿鞋筒口钩 1 圈短针、1 圈长针，作为花边。
4. 按小花图解钩织 1 朵小花，上层用粉色线钩织，下层用白色线钩织，完成后缝合于鞋筒侧面。
5. 白色线按系带小花图解，钩织 1 条系带，穿入鞋筒。

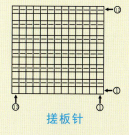

搓板针

小花

花边图解

系带小花图解

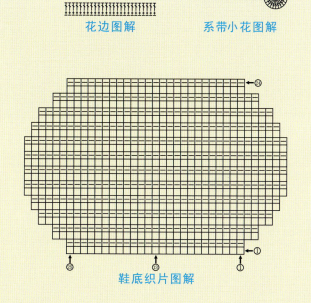

鞋底织片图解

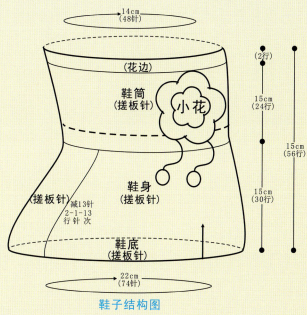

14cm
(48针)

(花边)

鞋筒
(搓板针)

小花

鞋身
(搓板针)

搓板针

减13针
2-1-13
行 针 次

鞋底
(搓板针)

22cm
(74针)

(2行)

15cm
(24行)

15cm
(56行)

15cm
(30行)

鞋子结构图

54
小花朵上衣

小小的衣服精致可爱，衣服两侧的花朵装饰让它显得
十分甜美，细节处的花纹更展现了它的美丽，这样一
款衣服，送给宝宝再合适不过了。

12~24 个月

54 小花朵上衣

【成品尺寸】 衣长 27cm　下摆 28cm　连肩袖长 17cm

【工　　具】 10 号棒针　缝衣针

【材　　料】 浅黄色羊毛绒线 200g

【编织密度】 棒针 $10cm^2$：30 针 ×40 行

【附　　件】 装饰花朵若干　毛线纽扣 1 颗

【编织方法】

1. 毛衣用棒针编织，由两片前片、一片后片和两片袖片组成，从下往上编织。

2. 前片：(1) 左前片，用下针起针法，起 42 针，织花样 A，侧缝不用加减针，织 14cm 至插肩袖隆。

(2) 袖隆以上的编织：袖隆平收 8 针后减 16 针，方法是：每 6 行减 2 针减 8 次，织 13cm 至肩部。

(3) 同时从袖隆算起织至 9cm 时，门襟处平收 8 针，然后进行领窝减针，方法是：每 2 行减 2 针减 3 次，每 2 行减 1 针减 4 次，共减 10 针，织 4cm 至肩部针数收完。同样方法编织右前片。

3. 后片：(1) 用下针起针法，起 84 针，织花样 B，侧缝不用加减针，织 14cm 至插肩袖隆。

(2) 袖隆以上的编织：两边袖隆平收 8 针后减 16 针，方法是：每 6 行减 2 针减 8 次，领窝不用减针，织 13cm 至肩部余 36 针。

4. 袖片：用下针起针法，起 66 针，织全下针，织 4cm 两边插肩袖隆平收 8 针后减 16 针，方法是：每 6 行减 2 针减 8 次，织 52 行至肩部余 18 针，同样方法编织另一袖片。

5. 将前片的侧缝与后片的侧缝对应缝合。袖片的插肩部与衣片的插肩部缝合。

6. 领片：领圈边挑 82 针，织 8 行单罗纹，形成开襟圆领。缝上毛线纽扣和装饰花朵，毛衣编织完成。

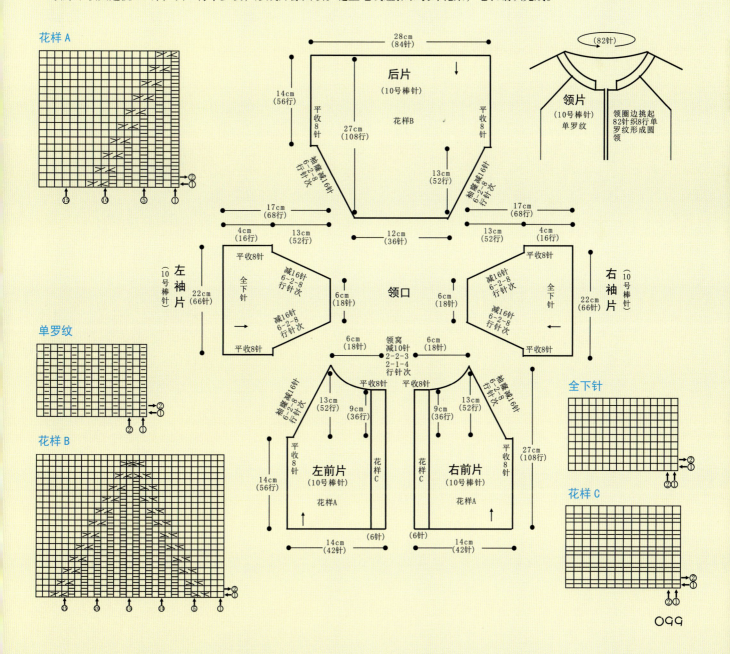

花样 A

单罗纹

花样 B

28cm (84针)

后片 (10号棒针) 花样 B

14cm (56行)

27cm (108行)

平收 8 针

13cm (52行)

袖隆减16针 6-2-8 行针次

领片 (10号棒针) 单罗纹

(82针)

领圈边挑起 82针织8行单罗纹形成圆领

17cm (68行)　13cm (52行)　4cm (16行)

12cm (36针)

左袖片 (10号棒针)　22cm (66针)

右袖片 (10号棒针)　22cm (66针)

平收8针　全下针　减16针 6-2-8 行针次　减16针 6-2-8 行针次　平收8针

6cm (18针)　领口　6cm (18针)

领窝减10针 2-2-3 2-1-4 行针次

6cm (18针)　6cm (18针)

左前片 (10号棒针) 花样A　右前片 (10号棒针) 花样A

花样 C

13cm (52行)　平收8针　9cm (36行)

平收8针　13cm (52行)　9cm (36行)

袖隆减16针 6-2-8 行针次

平收8针　14cm (56行)

27cm (108行)

花样C　(6针)　(6针)　花样C

14cm (42针)　14cm (42针)

全下针

花样 C

55
暖色绑带高帮靴

56
两色高帮靴

12~24个月

55 暖色绑带高帮靴

【成品尺寸】长 11cm 底宽 5cm
【工　　具】2.5mm 钩针
【材　　料】黄色线 80g
【编织密度】钩针 10cm² : 22.6 针 ×11 行
【附　　件】红色线带 2 条
【编织方法】
按照鞋子的结构从鞋子的鞋底起针，接着围绕鞋底钩鞋侧面，再钩鞋面，在鞋面与鞋侧面之间钩 1 行短针，然后在鞋面与鞋筒之间穿红色丝带，具体钩法参照下图。

鞋侧面的钩法：（围绕鞋底 1 圈钩 2 行长针）

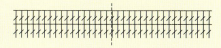

鞋头中线

结构图

鞋筒

鞋面

L=11cm

鞋底的钩法：

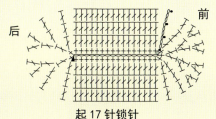

后　　前

起 17 针锁针

鞋面的钩法：

鞋筒的钩法：

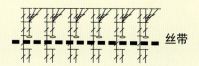

丝带

56 两色高帮靴

【成品尺寸】长 11cm 底宽 5cm
【工　　具】2.5mm 钩针　10 号棒针
【材　　料】红色毛线 100g　白线 50g　绿色线少许
【编织密度】棒针 10cm² : 22.6 针 ×11 行
【编织方法】
按照鞋子的结构从鞋子的鞋底起针，接着用棒针编织鞋面连鞋后跟，再编织鞋筒，最后用白线在鞋面与鞋筒之间钩绑带 1 条，具体钩法参照下图。

结构图

L=11cm

鞋筒的钩法：

红色

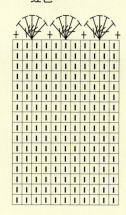

鞋面的钩法：（围绕鞋底钩 3 行上针连接鞋面）

白色

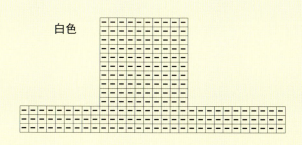

鞋底的钩法：

绿色

后　　前

起 17 针锁针

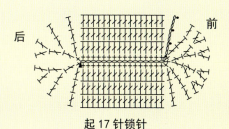

各种起针方法和基本钩织方法

 用手指把线头绕成"圆圈"的方法

用手指把线头绕成"圆圈"的方法：这种起针灵活性大，线圈可根据织物需要随意调节松紧度。

1. 把线短的一端在左手食指上绕2圈后用拇指和中指捏住线的另一端。

2. 从左手上拿下绕成"圆圈"的线，用左手拇指和中指捏住，把长的一端的线绕在左手，钩针穿过"圆圈"把线钩出来。

3. 再用钩针把线钩出来作1针固定针。

 短针编织成圆形的方法

1. 用手指把线头绕成"圆圈"的方法把线在左手上绕的2圈拿下来，将钩针从"圈"里穿过挂上线拉出。

2. 钩针挂线钩出1针固定针。

3. 把钩针插入"圆圈"中，把线钩出来。

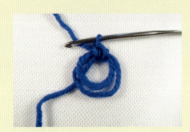

4. 钩出了1针短针。

5. 在"圆圈"内钩16个短针，分2次拉紧尾线，让"圆圈"心收紧。

6. 钩针从第1针短针里插入钩引拔针，完成短针编织成圆形的方法。

 锁针的起针

锁针的起针手势：锁针起针一般要用大1号或2号的钩针起针，不然起针的部位就会有紧缩的现象。

1. 钩针放在线的后面，如图把线绕在针上。

2. 用大拇指和中指捏住线环，钩针绕上线。

3. 钩出线完成1针锁针。

4. 重复以上操作完成1条辫子。

锁针编织圆圈的方法

锁针编织圆圈的方法：这种起针一定要先算好圆圈的锁针针数，因为起针圈是固定的，不可以随意调整大小。

1. 钩针从线下方挑上线，顺时针绕1圈。

2. 钩针挂上线。

3. 从绕的线环里拉出，完成1个锁针套。

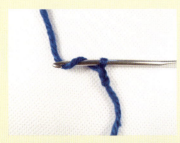

4. 钩针继续挂上线拉出，钩锁针。

5. 连续钩8个锁针。

6. 钩针从第1针锁针里插入，挂上线从第2个线环里拉出。

7. 形成一个环状，钩针挂上线钩1针锁针立起。

8. 钩针在环内钩出自己所需的短针。

9. 钩针从第1针短针里插入钩引拔针。

10. 完成锁针编织圆圈的方法。

1. 用手指把线头绕成"圆圈"的方法把线绕成环，钩针在环里立钩出 3 针锁针（1 针长针的长度）。

2. 在钩针上绕 1 圈线钩第 2 个长针。

3. 接下来继续钩长针，钩出自己所需的针数。

4. 第 1 圈钩完后，用 2 次拉线的方法拉紧线圈。

5. 第 1 圈钩完后，钩针插入第 1 圈立钩的第 3 针锁针的 2 根线里（外侧半针与里侧半针）绕线拉出。

6. 与最后 1 针做引拔针，第 1 圈完成。

7. 第 2 圈再立钩 3 针锁针。

8. 钩针穿过同 1 针，拉出钩出长针（即加了 1 针长针）。

9. 第 1 圈的每一个长针里在第 2 圈都要钩 2 个长针。

10. 第 2 圈钩完后，同样的方法钩针插入第 2 圈立钩的第 3 针锁针的 2 根线里，绕线拉出与最后 1 长针作引拔针。

11. 第 3 圈是每隔 1 长针再加针。

12. 按每加 1 圈就多隔 1 针再加针的方法，钩出漂亮的圆形。

短针基本钩织方法

短针的基本钩织方法：短针开始的立针是1针锁针，这个不算1针，因此要从第1针开始钩短针。第1行的编织方法是从锁针起针的内侧挑出1针，用这种方法钩织的锁针不容易变形，能使钩出的边缘整齐。织片从开始全部为挑针钩织，因此起针时要用比钩整片时用的钩针大2号的钩针来钩织。

样片

1. 用比钩织织片的针号大2号的钩针来起针。把钩针换成钩织织片的针号后，钩出立起的1针锁针。

2. 把钩针插入起针的第1个锁针的内侧，钩针绕线并拉出来。

3. 钩针再绕线从2个针环中一次拉出。

4. 完成1针短针，继续挑起下一针锁针的内侧钩织。

5. 第1行短针织完时。

6. 钩针绕线钩立起的1针锁针。

7. 织片从右侧逆时针转180°，改用左手拿织片。

8. 将钩针插入上一行右侧短针上面的1瓣子内挑针，织成1短针。

9. 织好1短针后，下一针也按同样的方法从上面锁针的1瓣子内挑针钩织。

10. 左侧的结尾是在前一行的短针上面的1瓣子内挑针钩织。

11. 第2行钩织完成，按上面方法继续钩短针，注意两侧的结束针一定要挑针钩织。

12. 钩完最后1针把线引拔出来，拉长线环用剪刀在线圈的上方剪断。

短针的边侧减针

1. 左边钩2个未完成的短针。

2. 钩针绕线一次性钩出，完成左边2针并1针。

3. 左边钩3个未完成的短针。

4. 钩针绕线一次性钩出，完成左边3针并1针。

5. 右边钩3个未完成的短针。

6. 钩针绕线一次性钩出，完成右边3针并1针。

长针基本钩织方法

长针的基本钩织方法：长针的高度是短针的3倍。长针的立针是3针锁针，也是这一行的第1针，从第2针开始钩长针，因此钩织时需要保留立针的基础针。第1行的钩织方法是从起锁针的内侧挑起，这样钩织时，锁针不容易变形，因为要从起针行挑起全部的针数，因此要使用比织整片的钩针大2号的钩针来钩织起针行。

样片

1. 用比钩织织片的针号大2号的钩针来起针。把钩针换成钩织织片的针号后，钩出立起的3针锁针。

2. 线在钩针上绕1圈，把针插入从钩针上1针算起的下面第5针锁针的内侧。

3. 钩针绕线拉出1个线环，钩针再绕线从前面2个线环里拉出1针。

4. 钩针再绕线一次穿过 2 个线环。

5. 完成 1 针长的钩织，钩针从锁针的内侧挑出。继续钩长针。

6. 第 1 行长针钩完。

7. 立钩 3 针锁针后，织片从右侧逆时针转 180°，改用左手拿织片。

8. 开始钩第 2 行，线在钩针上绕 1 圈。

9. 在上一行第 2 个长针上面 1 辫子内挑针（3 针锁针立起的那针算第 1 针）。

10. 钩完第 2 行。

11. 第 2 行结束时，挑起前一行第 3 针锁针的辫子（里侧和外侧的半针锁针）钩 1 长针。

12. 立钩 3 针锁针，织片从右侧逆时针转 180°，改用左手拿织片。

13. 按第 9 步的方法开始钩第 3 行。

14. 第 3 行结尾时，同样的钩针要挑起前一行第 3 针锁针的辫子（里侧和外侧的半针锁针）钩 1 长针。

15. 钩完最后 1 针把线引拔出来，拉长线环用剪刀在线环的上方剪断。

长针的边侧减针

1. 左边钩 2 个未完成的长针。

2. 钩针绕线一次性钩出，完成左边长针 2 针并 1 针。

3. 左边钩 3 个未完成的长针。

4. 钩针绕线一次性钩出，完成左边长针 3 针并 1 针。

5. 右边钩 2 针锁针立起，钩 1 个未完成的长针。

6. 钩针绕线一次性退出，完成右边长针 2 针并 1 针。

7. 右边钩 2 针锁针立起，钩 2 个未完成的长针。

8. 钩针绕线一次性退出，完成右边长针 3 针并 1 针。

短针的边侧加针

1. 钩到左边结尾时在上一行最后 1 针里多钩 1 短针。

2. 完成了左边加 1 针。

3. 同一针里再多钩 1 短针，就完成了左边加 2 针。

4. 钩1锁针立起，在上一行的第1短针上的辫子里钩2针短针。

5. 完成了右边加1针。

6. 再多钩1短针就完成了右边加2针。

😊 长针的边侧加针

1. 钩到左边结尾时在上一行最后1针里多钩1长针。

2. 完成了左边长针加1针。

3. 在同一针里再多钩1长针就完成了左边长针加2针。

4. 钩3针锁针立起（算长针第1针），在第1针里钩1长针。

5. 完成了右边长针加1针。

6. 同一针里再多钩1长针，就完成了右边长针加2针。

😊 边侧加针形成的袖山

1. 右边开始钩3针锁针立起，在第1针辫子里钩2针长针，使之形成右边加2针长针。

2. 左边结尾时，在最后一针里多钩2针长针，使之形成左边加2针长针。

3. 在加针时要根据织片的形状大小来调整加针的针数和次数。

 引拔针

注意：这种针法一般用于收没有弹性的边边。

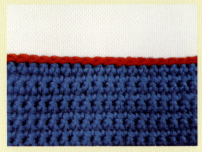

样片

1. 钩针插入上一行上面锁针的2根线中。

2. 绕好1圈线的钩针插入上一行锁针的2根线中，钩针挂上线。

3. 完成1针引拔针。

 中长针

样片

1. 线在钩针上绕1圈。

2. 线在钩针上绕1圈，把针插入从钩针上1针算起的下面第5针锁针的内侧。

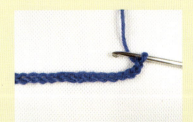

3. 拉出2针锁针高度的线。

4. 钩针上再次挂上线，一次引拔出挂在钩针上的3根线套。

5. 完成1针中长针。

 长长针

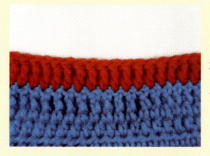

样片

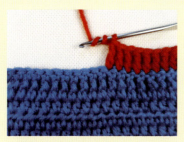

1. 线在钩针上绕 2 圈。

2. 绕好 2 圈线的钩针插入上一行锁针的 2 根线中，钩针挂上线。

3. 拉出 2 针锁针高度的线，钩针再挂上线。

4. 钩针从挂在钩针上的 2 根线中拉出，钩针并再次挂上线。

5. 从 2 根线中拉出，钩针继续挂上线。

6. 一次从挂在钩针上的 2 根线中引拔出来，完成 1 针长长针。

 卷针

卷针：卷针是在针脚绕线形成的，所以把中长针的标记与绕线的标记组合，成为一个独立的标记，卷针的绕线数很难用标记来加以表示，所以，在标记外用数字加以注释。

样片

1. 线在钩针上绕 7 圈。

2. 从前一行的针眼里钩出 1 个环。

3. 钩针绕线从 8 个环中轻松地拉出。

4. 钩针再绕线从 2 个环中拉出，完成了卷针的钩法。

本书编委会

主　编　廖名迪

编　委　宋敏姣　樊艳辉　李玉栋

图书在版编目（CIP）数据

妈妈亲手织的婴儿装 / 廖名迪主编. —— 沈阳：辽
宁科学技术出版社，2014.9
　　ISBN 978-7-5381-8769-4

　　Ⅰ．①妈…　Ⅱ．①廖…　Ⅲ．①童服—绒线—编织—图
集　Ⅳ．① TS941.763.1-64

中国版本图书馆 CIP 数据核字（2014）第 181870 号

如有图书质量问题，请电话联系
湖南攀辰图书发行有限公司
地址：长沙市车站北路 649 号通华天都 2 栋 12C025 室
邮编：410000
网址：www.penqen.cn
电话：0731-82276692　82276693

出版发行：辽宁科学技术出版社
　　　　　（地址：沈阳市和平区十一纬路 29 号　邮编：110003）
印 刷 者：湖南新华精品印务有限公司
经 销 者：各地新华书店
幅面尺寸：210mm × 285mm
印　　张：7
字　　数：162 千字
出版时间：2014 年 9 月第 1 版
印刷时间：2014 年 9 月第 1 次印刷
责任编辑：卢山秀　攀　辰
摄　　影：龙　斌
封面设计：多米诺设计·咨询　吴颖辉　龙　欢
版式设计：周巧连
责任校对：合　力

书　　号：ISBN 978-7-5381-8769-4
定　　价：36.80 元
联系电话：024-23284376
邮购热线：024-23284502